兵头良之子的慢生活编织

Hyodo Yoshiko

日本宝库社 编著

王 慧 译

河南科学技术出版社

·郑州·

Contents
目　录

page 4 A / Sweater 阿兰花样插肩袖套头衫

5 B / Cardigan, Beret 麻花花样贝雷帽和方领开衫

7 C / Muffler 阿兰花样长围巾

9 D / Cardigan, Muffler 配色花样开衫及长围巾

10 E / Sweater 阿兰花样高领套头衫

13 F / Sweater, Stole, Legwarmers 配色花样套头衫、长围巾、护腿

16 G / Cardigan, Muffler 配色花样开衫、长围脖

17 H / Vest 配色花样背心

19 I / Cap, Gloves 配色花样帽子、手套

20 J / Cardigan, Cap 洛皮花样开衫、护耳帽

23 K / Cape 镂空花样大披肩

27 L / Jacket 海军蓝双排扣短上衣

29 M / Cardigan, Beret 圆育克配色花样开衫、贝雷帽

30 M / High socks 配色花样中筒袜

31 M / Gloves 配色花样分指手套

32 N / Sweater 蓝白条纹套头衫

33 O / Vest, Cap 阿兰花样背心、绒球帽

34 Yarn 本书所使用的毛线

36 How to make 制作方法

89 Basics 棒针编织的基础

阿兰花样插肩袖套头衫

制作方法 P.70~73　线 / 和麻纳卡

麻花花样贝雷帽和方领开衫

B / Cardigan, Beret

制作方法 P.65~69　线 / 和麻纳卡

阿兰花样长围巾

C / Muffler

制作方法 P.74　线 / 和麻纳卡

配色花样开衫及长围巾

D / Cardigan, Muffler

制作方法 P.75~77　线 / 和麻纳卡

阿兰花样高领套头衫

E / Sweater

制作方法 P.78~80　线 / 和麻纳卡

配色花样套头衫、长围巾、护腿

F / Sweater, Stole, Legwarmers

制作方法 P.40~45　线 / 和麻纳卡

配色花样开衫、长围脖

G / Cardigan, Muffler

制作方法 P.46~49　线 / 和麻纳卡

配色花样背心

H / Vest

制作方法 P.50~52　线 / 和麻纳卡

配色花样帽子、手套

I / Cap, Gloves

制作方法 P.53~55　线 / 和麻纳卡

洛皮花样开衫、护耳帽

J / Cardigan, Cap

制作方法 P.62~64　线 / 和麻纳卡

镂空花样大披肩

K / Cape

制作方法 P.82、83　线 / 和麻纳卡

picnic with james

Currants

Grandma's house

Lorina Lemonade

Washing

Cherry

Henhouse

Washing

Sunday brunch

海军蓝双排扣短上衣

L / Jacket

制作方法 P.84、85　线 / 和麻纳卡

圆育克配色花样开衫、贝雷帽

M / Cardigan, Beret

制作方法 P.54、56~58　线 / 和麻纳卡

配色花样中筒袜

M / High socks

制作方法 P.36、60、61　线 / 和麻纳卡

配色花样分指手套

制作方法 P.37、58、59　线 / 和麻纳卡

蓝白条纹套头衫

N / Sweater

制作方法 P.81　线 / 和麻纳卡

阿兰花样背心、绒球帽

O / Vest, Cap

制作方法 P.38、39、86~88　线 / 和麻纳卡

Yarn 本书所使用的毛线（图片为实物大小）

※本书编织图中未注明单位的数字均以厘米（cm）为单位

定价：49.00 元

定价：49.00 元

定价：49.00 元

定价：49.00 元

定价：49.00 元

定价：49.00 元

定价：49.00 元

定价：49.00 元

定价：49.00 元

定价：49.00 元

定价：49.00 元

定价：49.00 元

定价：49.00 元

定价：49.00 元

定价：49.00 元

How to make 制作方法

Lesson 1 M / High socks P.30

*需准备的材料及编织图见P.60

脚后跟的编织方法

减针

1 第1行编织28针下针。换行后将毛线放到织片前，右棒针如图所示从后向前插入左棒针上的右针中，并移到右棒针上（滑针）。

2 右棒针从后向前插入第2针与第3针中。

3 针上挂线向后侧拉出（左上2针上针并1针）。

4 编织结束时，交换倒数第2针和第3针，右针从后向前插入编织。

5 此时再编织上针的右上2针并1针。

6 最后1针编织上针。此时已经编织完了第2行。

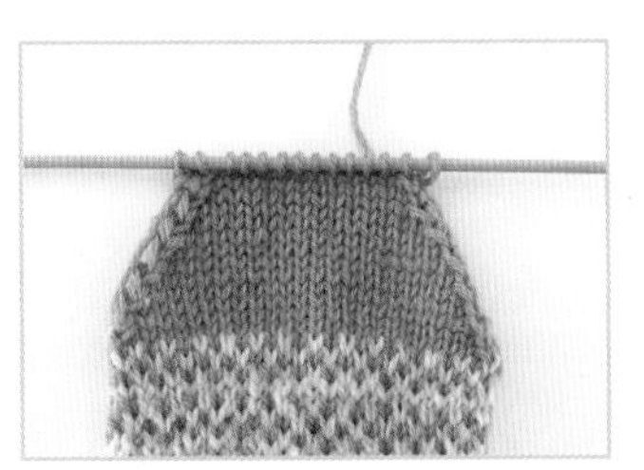

7 接下来按照编织图编织，图为编织了14行时的样子。

加针（第2行）

8 第1针编织滑针，下一针编织上针。

9 编织结束时，用左棒针将第12行和第13行的滑针挑起，右棒针从后向前插入，挂线并拉出。

10 编织上针。

（第3行）

11 第1行全部编织下针，如图中箭头所示，挑起第13行和第14行的滑针。

12 针上挂线，拉出。

13 此时已经加了1针。换手拿织物。

14 接下来按照编织图编织。

15 脚后跟部分编织完成。

Lesson 2　M / Gloves　P.31

大拇指需另线编织

*需准备的材料以及编织图见P.58

另线编织

1　编织38行之后，将底色线与配色线休针，挂上另线（绒毛较少的毛线）。

2　编织7针下针。

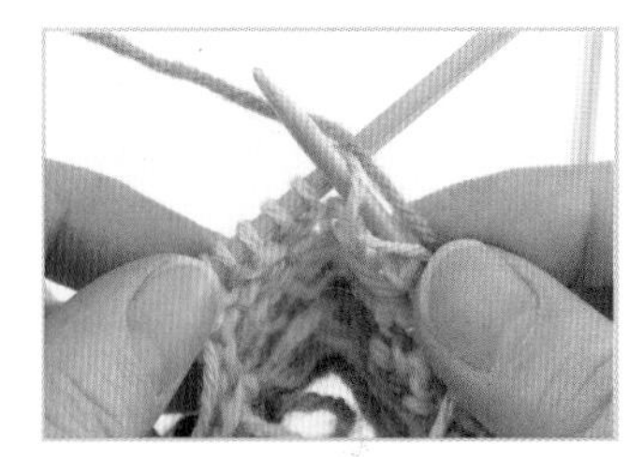

3　换手拿织物，把新添加的用于编织大拇指的毛线（橄榄绿色的毛线）挂在棒针上。

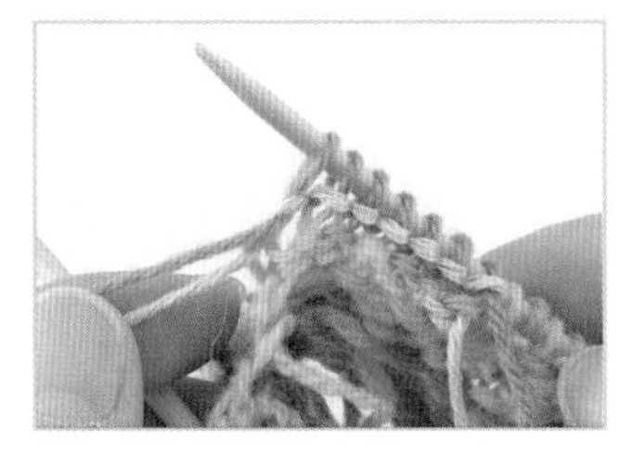

4　编织7针上针。

5　继续用休针的毛线编织配色花样，直到织物完成。

编织大拇指

1　用棒针挑起另线下方（第38行）右边的半针编织配色花样。

2　与步骤1一样，继续挑起7针。

3　与步骤1、2一样用新的棒针上下交替挑起另线的针目。

4　图为挑起6针时的情形。

5　将另线抽掉。

6　用另一根棒针上下交替挑起第38行针目与针目之间的横线，并将这些横线缠绕在左针上。

7　将用来编织大拇指的线挂在棒针上，编织扭针。

8　继续编织之前棒针挑起的7针，与步骤6一样用新棒针挑起针目与针目之间的横线。

9　挑起横线编织扭针。

10　用3根棒针编织大拇指。

Lesson 3　O / Vest　P.33

*需准备的材料以及编织图见P.86

编织要点

※图中用容易区分颜色的线代替

编织花样 C

1 编织3针后，右棒针从3针右侧一次性插入。

2 针上挂线，3针一起编织上针（上针的左上3针并1针）。

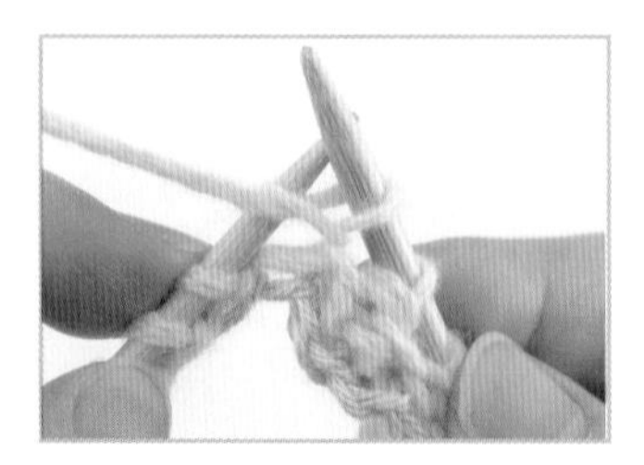

3 右棒针从后侧插入并编织上针。

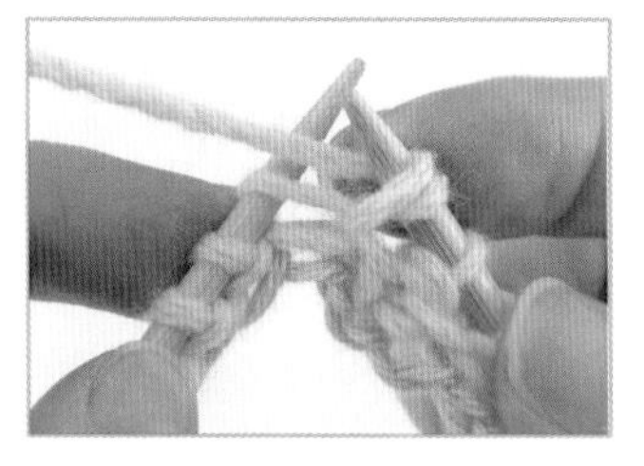

4 编织好的针目挂在棒针上，编织挂针。

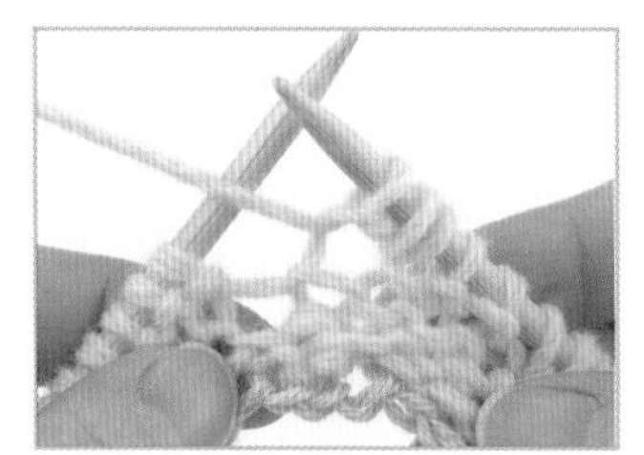

5 上针和挂针保持不动，在同一针目中编织上针。

6 加了3针上针。接下来按照编织图进行编织。

7 编织花样C完成。

单罗纹针收针（平面编织）

［右边2针下针、左边1针下针时］

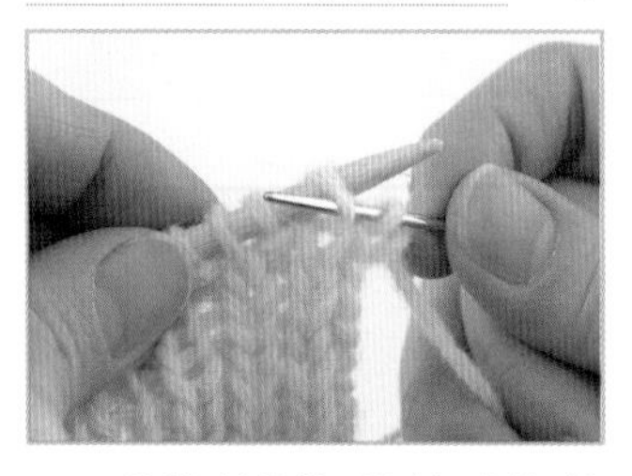

1 从第1针的前面入针，在第2针的前面出针。

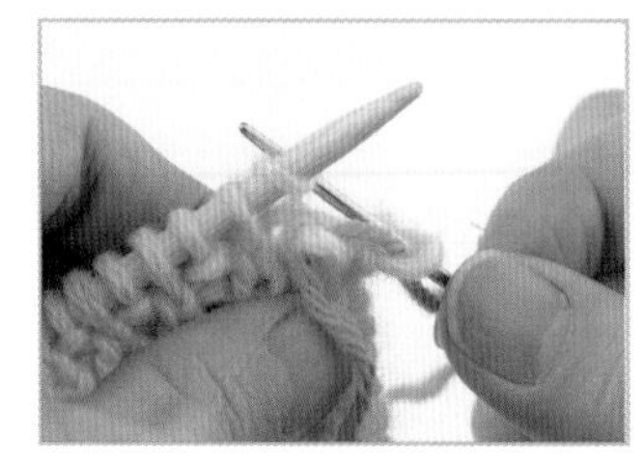

2 从第1针的前面入针，从第3针的后面出针。

3 从第2针的前面入针，从第4针的前面出针（下针与下针）。

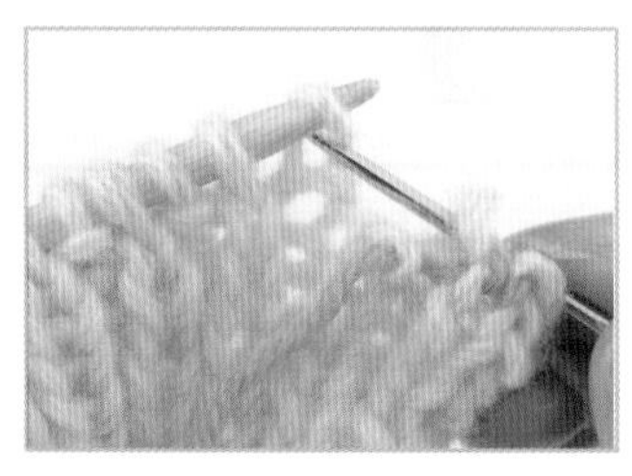

4 从第3针的后面入针，从第5针的后面出针（上针与上针）。

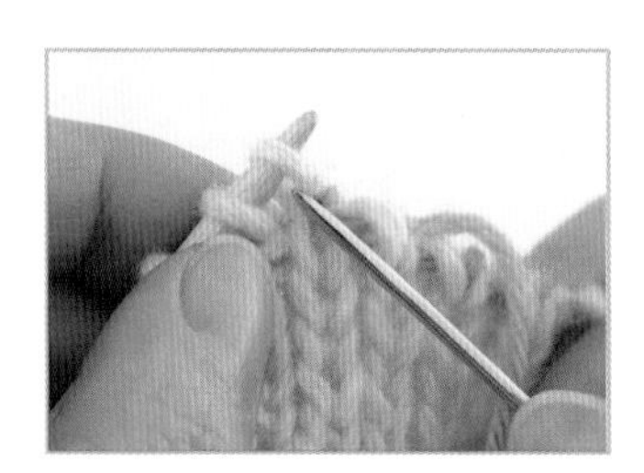

5 重复步骤3、4，一直从右边编织到左边。

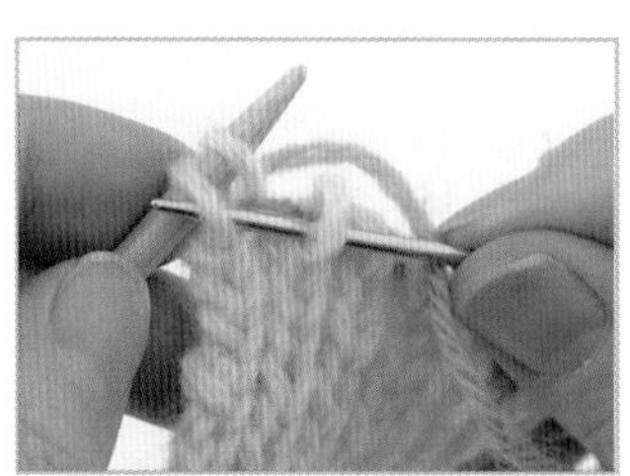

6 重复操作至边缘的样子。

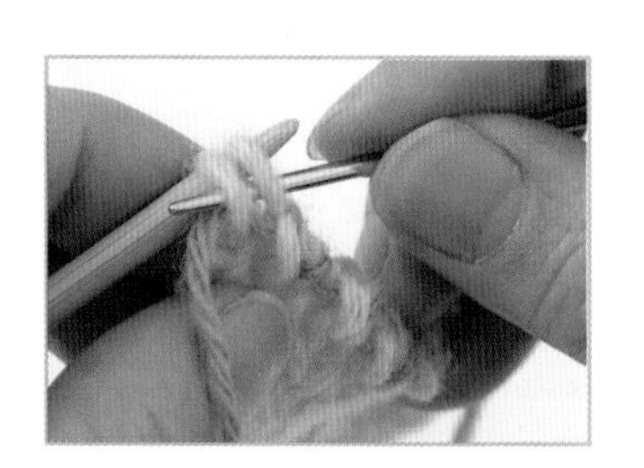

7 最后手缝针从上针的后面入针，从下针的前面出针。

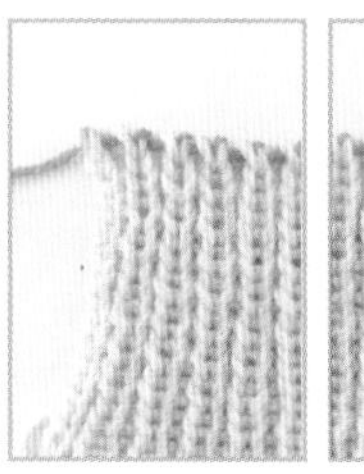

8 单罗纹针收针完成。

※图中用容易区分颜色的线代替

盖针钉缝 ［肩部的钉缝方法。用于前、后身片以编织花样结尾的编织作品］

1 将前、后身片肩部的正面相对合拢，前身片拉向编织者的方向。在两片的边缘针目中入针。

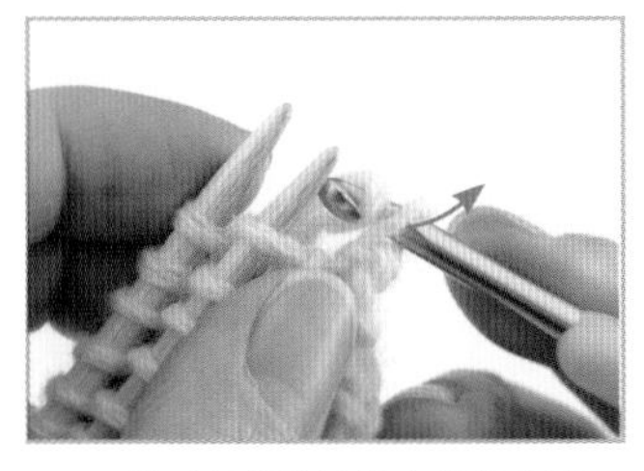

2 将后侧的针目挂在钩针尖端，从前面的针目中拉出来。

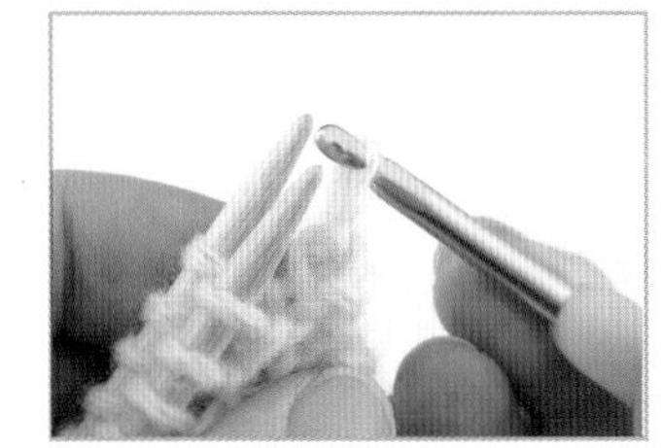

3 图为将线拉出时的样子。

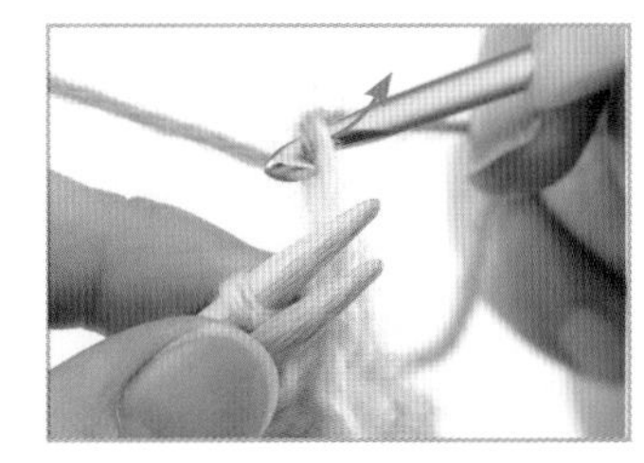

4 针上挂线并引拔出。

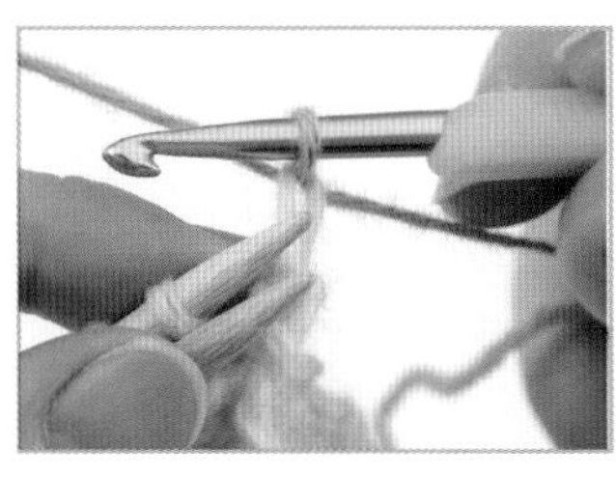

5 图为将线引拔出时的样子。

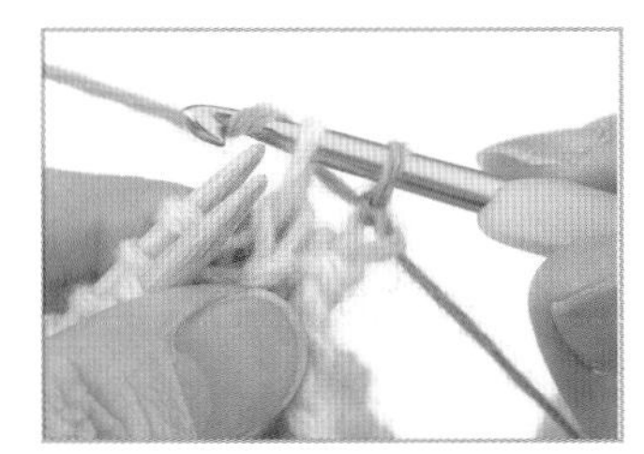

6 重复步骤1~4。

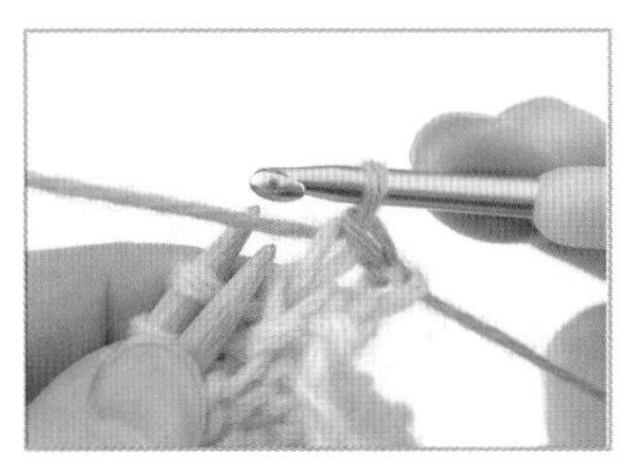

7 图为钩织好2针的样子。

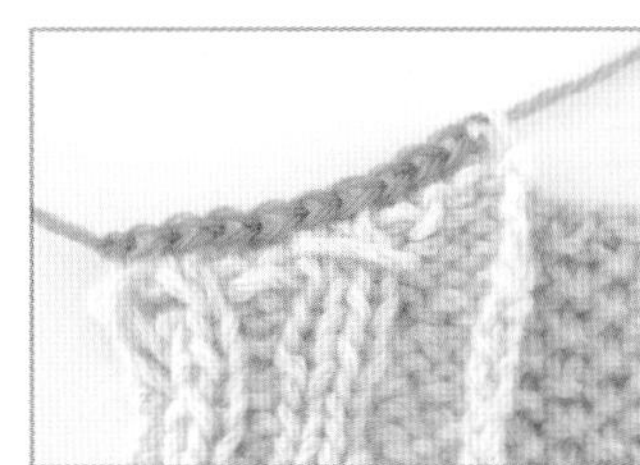

8 最后从钩针上留下的针目中拉出线，并剪断。

单罗纹针收针（环形编织） ［编织起点侧］

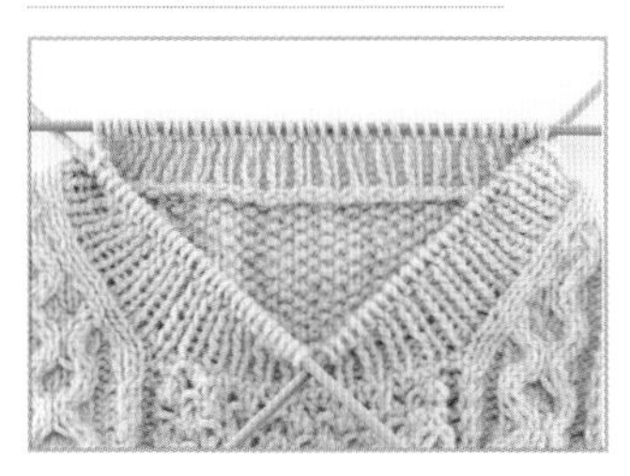

1 图为领窝的单罗纹针编织完成的样子。

2 在编织起点的第1针后侧入针。

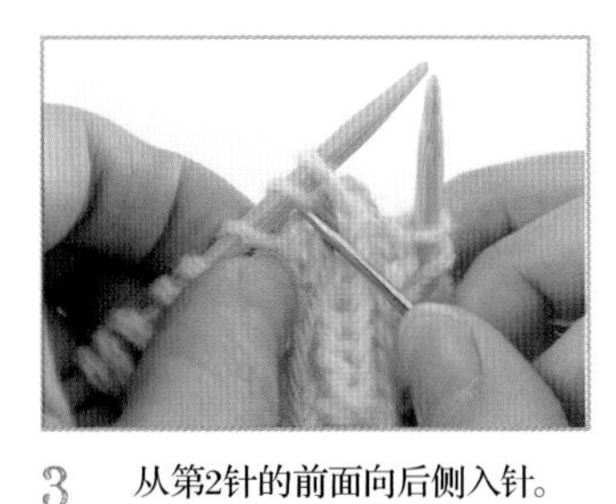

3 从第2针的前面向后侧入针。

4 从第1针的前面入针，从第3针的前面出针（下针与下针）。接下来的操作与38页平面编织部分步骤4一样，重复编织。

［编织终点侧］

5 从最后的下针前面入针，从最开始的下针前面出针。

6 从最后的上针后侧入针，从最开始的上针后侧出针。

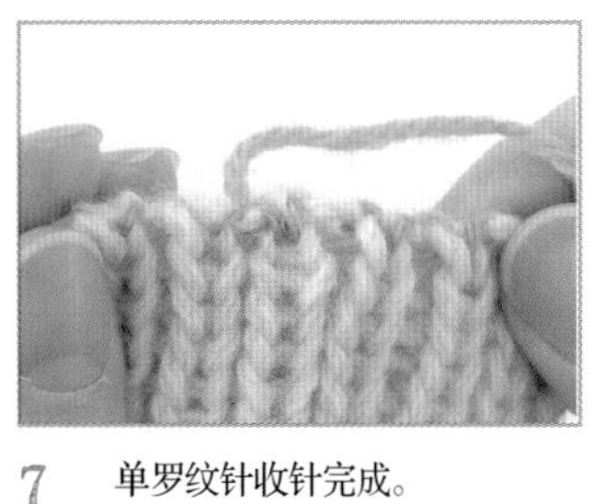

7 单罗纹针收针完成。

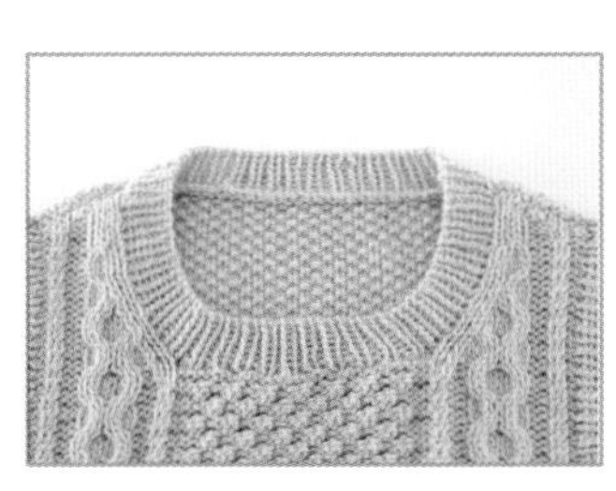

8 完成后的样子。

F / Sweater P.12

●材料

线…和麻纳卡 CAMELTWEED 青灰色（3）140g/6 团，浅米色（105）85g/ 3 团，海蓝色（110）70g/2 团，橄榄绿色（13）45g/2 团，茶黄色（14）35g/1 团，橘红色（87）20g/1 团，红色（74）5g/1 团

针…棒针 5 号、4 号

●密度

10cm×10cm 面积内：编织花样 23 针，30 行

●成品尺寸

胸围 94cm，衣长 60.5cm，连肩袖长 72.5cm

■编织要点

1 从下摆的连接处另线锁针的里山挑针起针编织身片，横向渡线编织配色花样。插肩线减针时，2 针以上时做伏针减针，1 针时立起侧边的 3 针编织。编织终点处，做伏针收针。

2 袖与身片同样编织，袖下在一端 1 针内侧编织扭加针。

3 胁、袖下、插肩线挑针接缝，腋下对齐下针接缝。

4 拆开另线锁针的起针，挑针编织下摆和袖口，环形编织双罗纹针配色花样，编织终点处，从反面做伏针收针。

5 从身片和袖子挑针环形编织衣领，编织终点处，从反面做伏针收针。

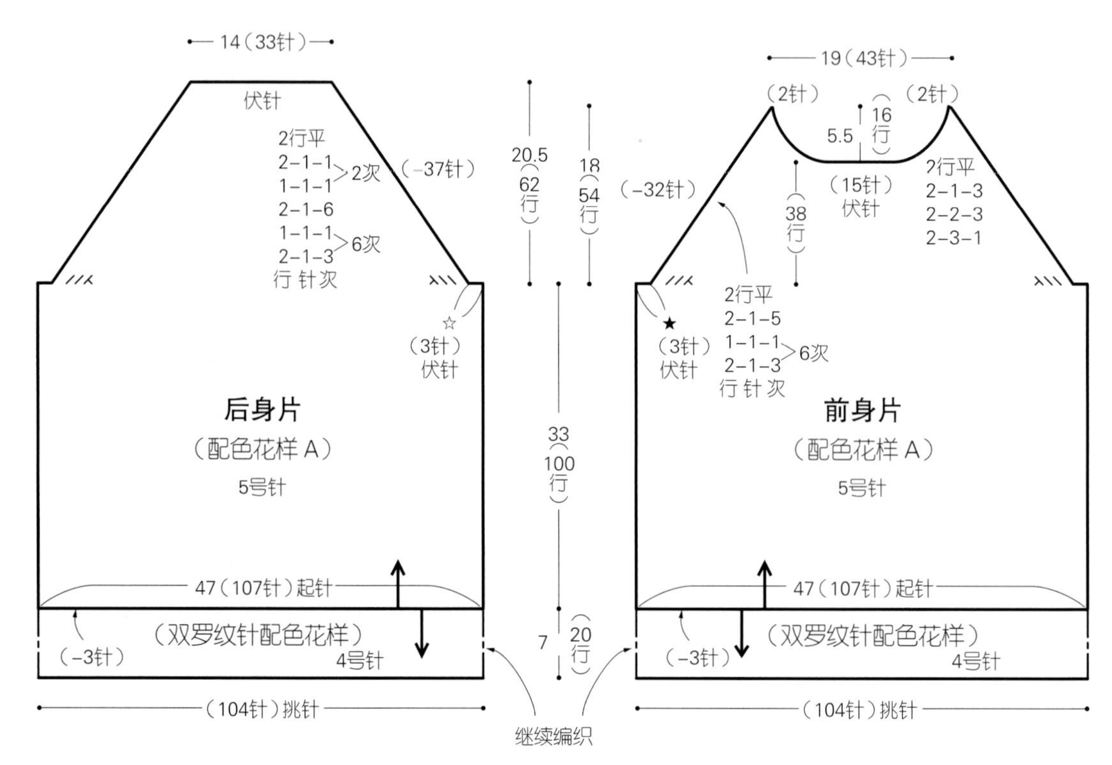

※☆、★处对齐下针钉缝

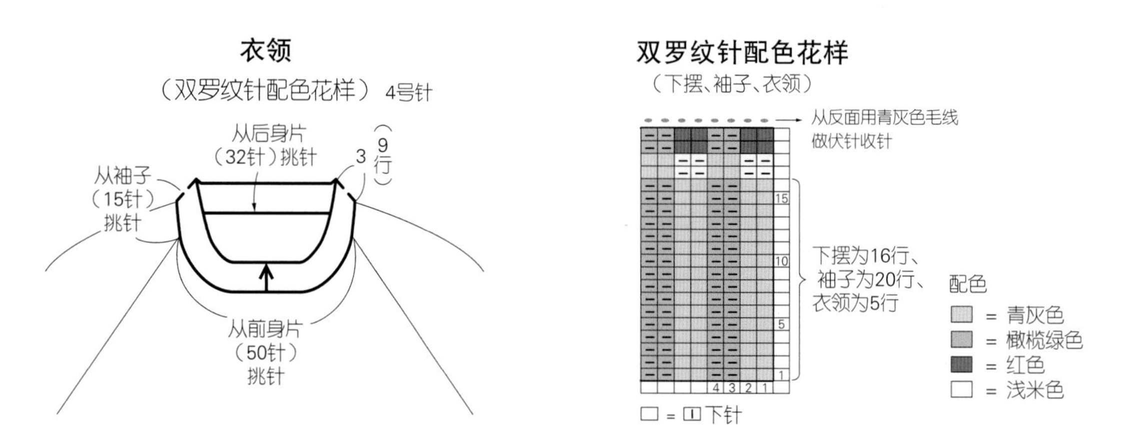

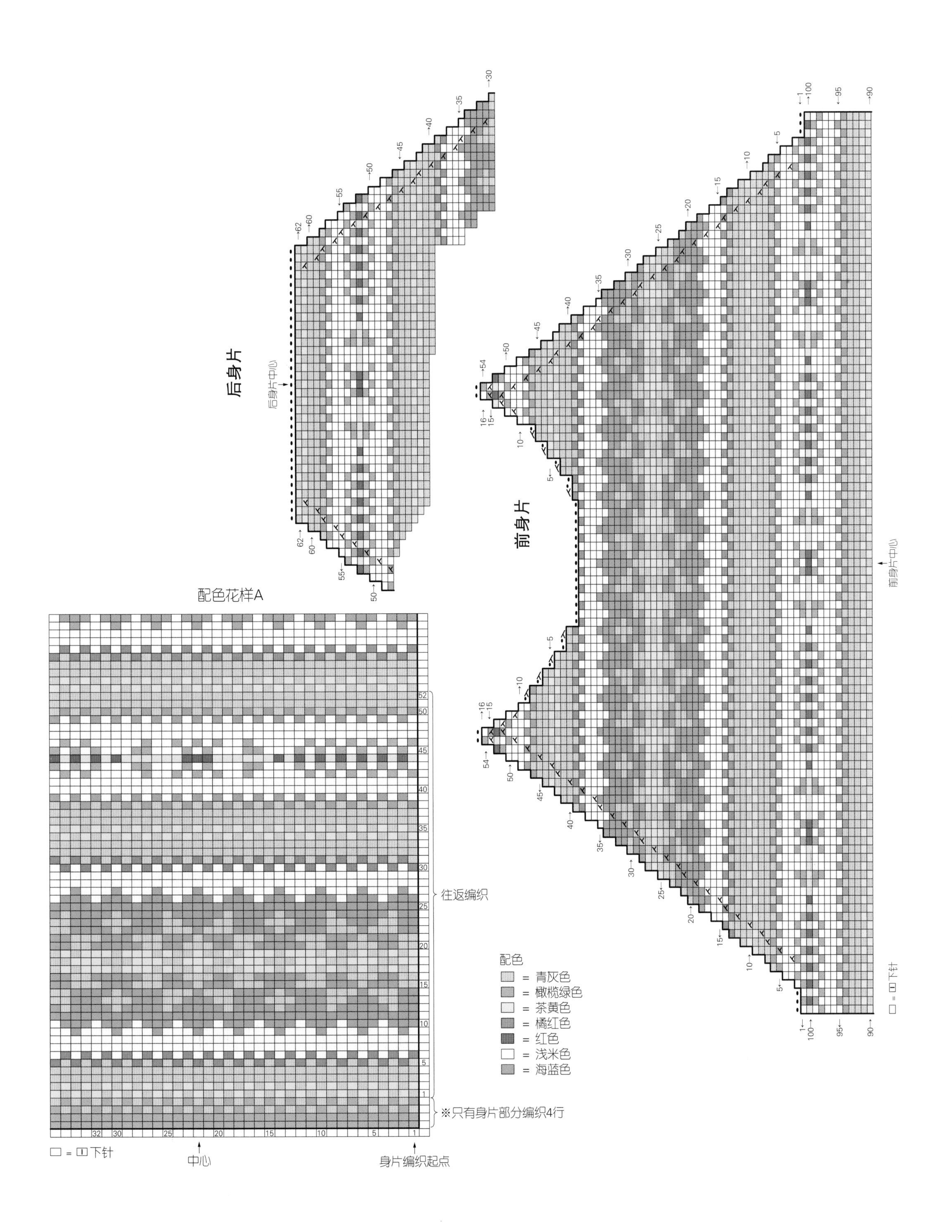
后身片
后身片中心
前身片
前身片中心
配色花样A
往返编织
※只有身片部分编织4行
□ = 回 下针
中心
身片编织起点
配色
= 青灰色
= 橄榄绿色
= 茶黄色
= 橘红色
= 红色
= 浅米色
= 海蓝色

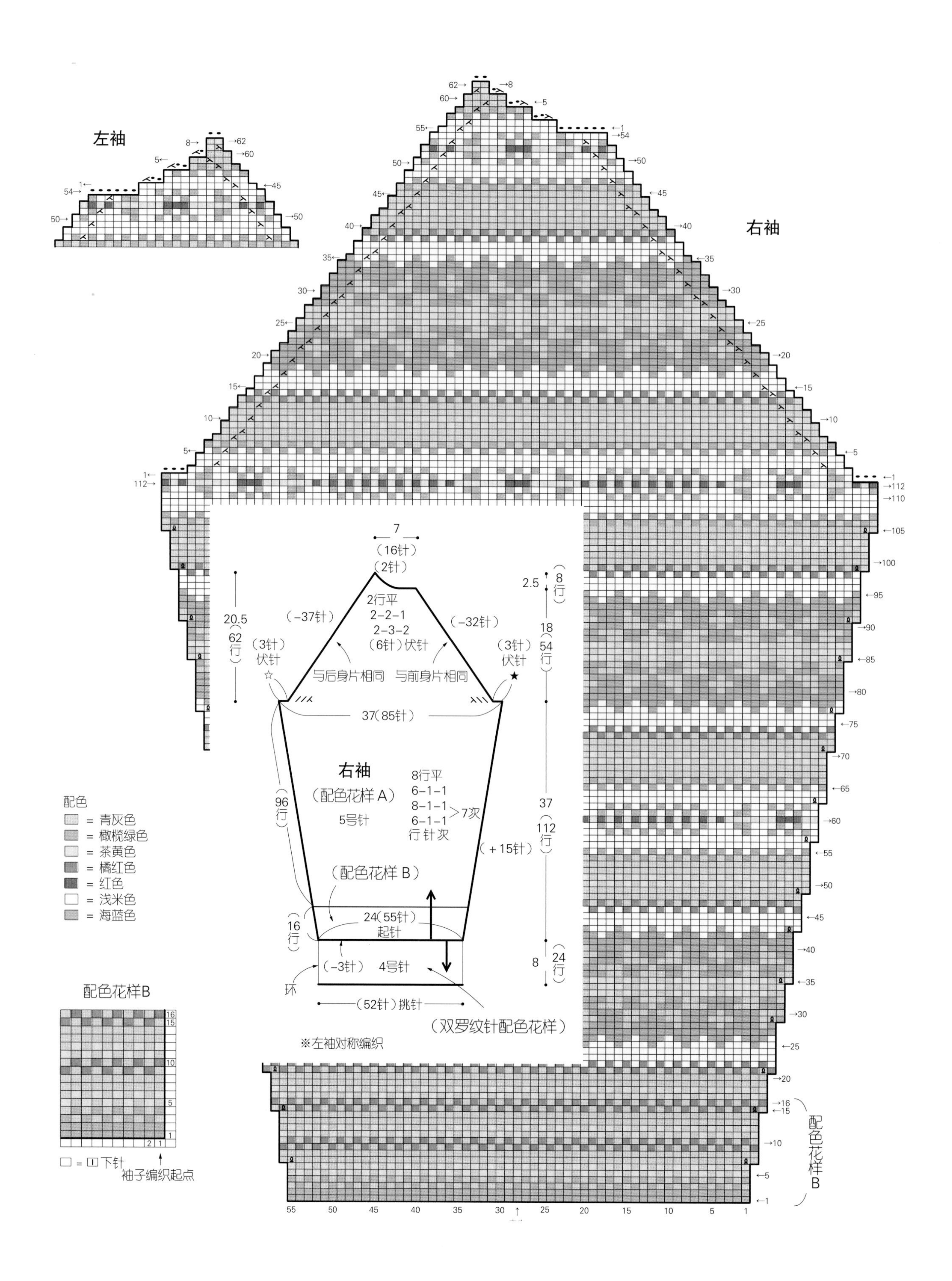

左袖
右袖
7
(16针)
(2针)
2行平
2-2-1
2-3-2
(6针)伏针
(-37针)
(-32针)
(3针)伏针
与后身片相同
与前身片相同
37(85针)
20.5
62行
2.5
8行
18
54行
右袖
(配色花样A)
5号针
8行平
6-1-1
8-1-1
6-1-1
行针次
7次
(+15针)
96行
37
112行
(配色花样B)
24(55针)起针
16行
(-3针)
4号针
8
24行
环
(52针)挑针
(双罗纹针配色花样)
※左袖对称编织
配色
= 青灰色
= 橄榄绿色
= 茶黄色
= 橘红色
= 红色
= 浅米色
= 海蓝色
配色花样B
= 下针
袖子编织起点
配色花样B

F / Legwarmers P.13

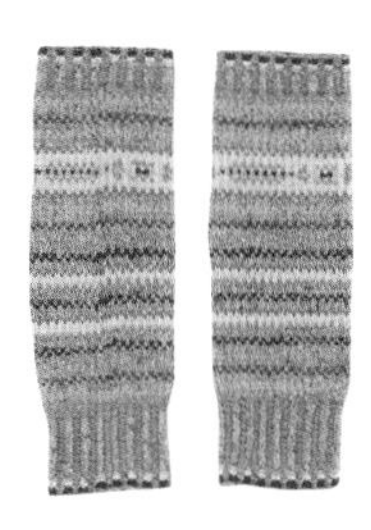

●材料

线…和麻纳卡 CAMELTWEED　青灰色（3）45g/2 团，橄榄绿色（13）20g、海蓝色（110）15g、红色（74）10g/ 各 1 团，茶黄色（14）、橘红色（87）、浅米色（105）各 5g/ 各 1 团

针…棒针 5 号、4 号

●密度

10cm×10cm 面积内（4 号针）：编织花样 24.5 针，29 行

●成品尺寸

脚踝周长 26cm，长 40cm

■编织要点

1 从连接处挑取另线锁针的里山起针，做环，横向渡线编织配色花样。按照指定的棒针号数加减针。

2 继续环形编织双罗纹针配色花样，编织终点处，从反面做伏针收针。

3 拆开另线锁针的起针，将针目移到棒针上，环形编织双罗纹针配色花样，编织终点处，从反面做伏针收针。

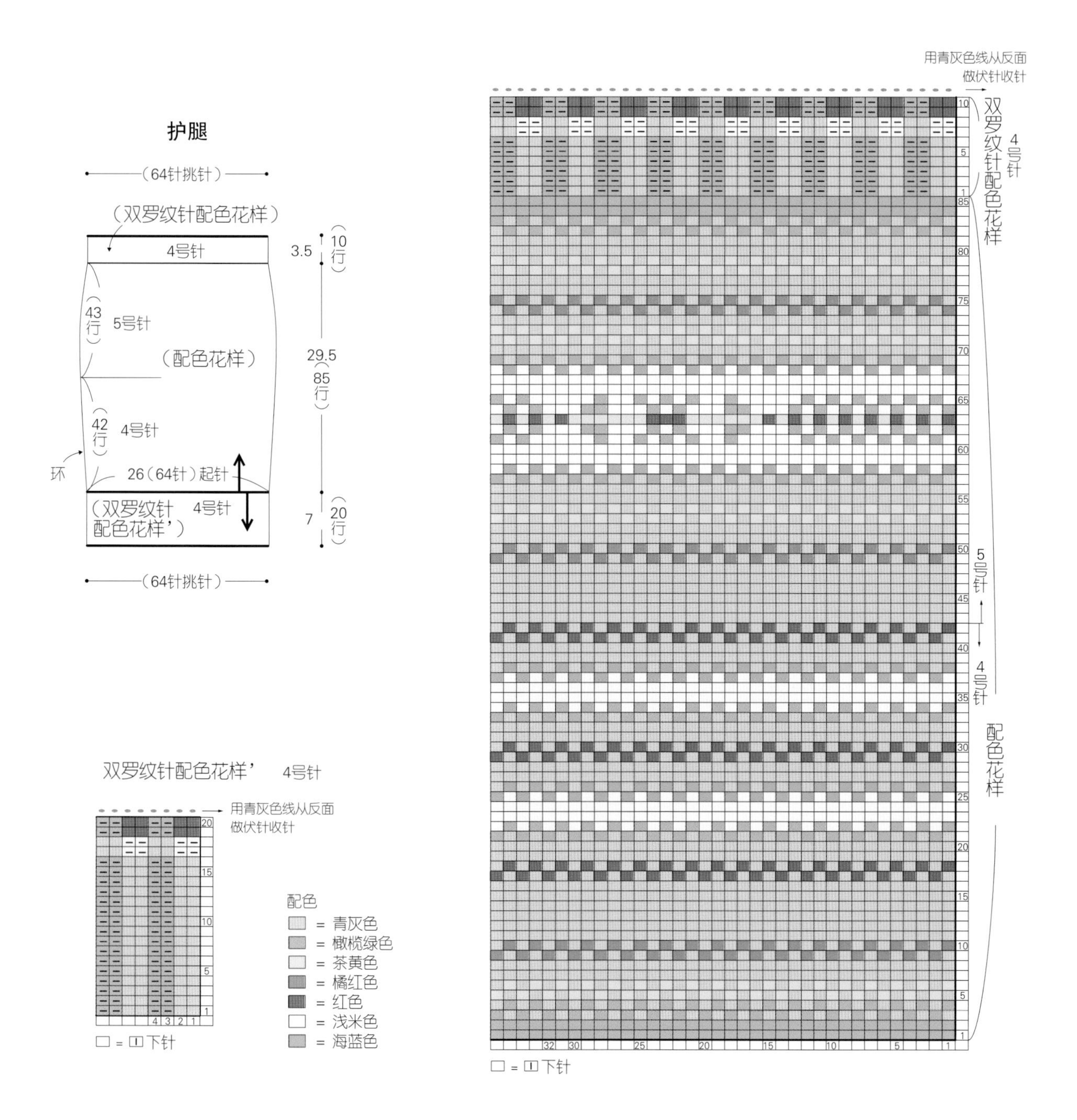

F / Stole P.12

●材料

线… 和麻纳卡 CAMELTWEED 青灰色（3）55g/3 团，浅米色（105）70g/2 团，海蓝色（110）50g/2 团，橄榄绿色（13）15g、红色（74）15g/各 1 团，茶黄色（14）、橘红色（87）各 5g/ 各 1 团

针…棒针 5 号、4 号

●密度

10cm×10cm 面积内：配色花样 A、B、B'、C 23 针，30 行；配色花样 D 23 针，29 行

●成品尺寸

宽 25cm，长 179cm

■编织要点

1　从连接处挑取另线锁针的里山起针，横向渡线编织配色花样。两端的针目全部编织滑针。参考图示，不加减针，编织配色花样 D。

2　继续编织双罗纹针，第 1 行要减 1 针。编织终点处，从反面做伏针收针。

3　拆开另线锁针的起针，将针目移到棒针上，与步骤 2 一样编织。

配色花样A

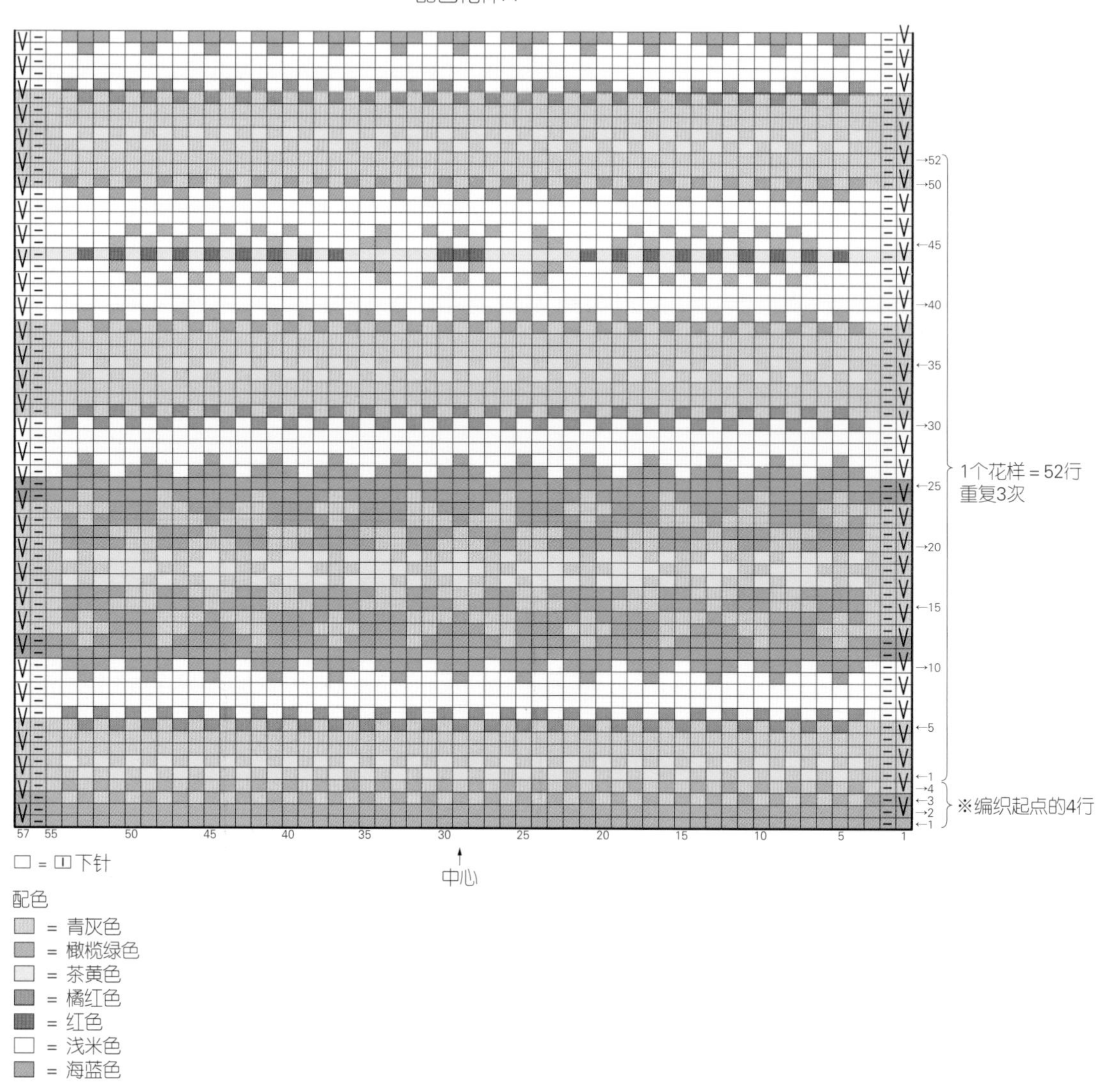

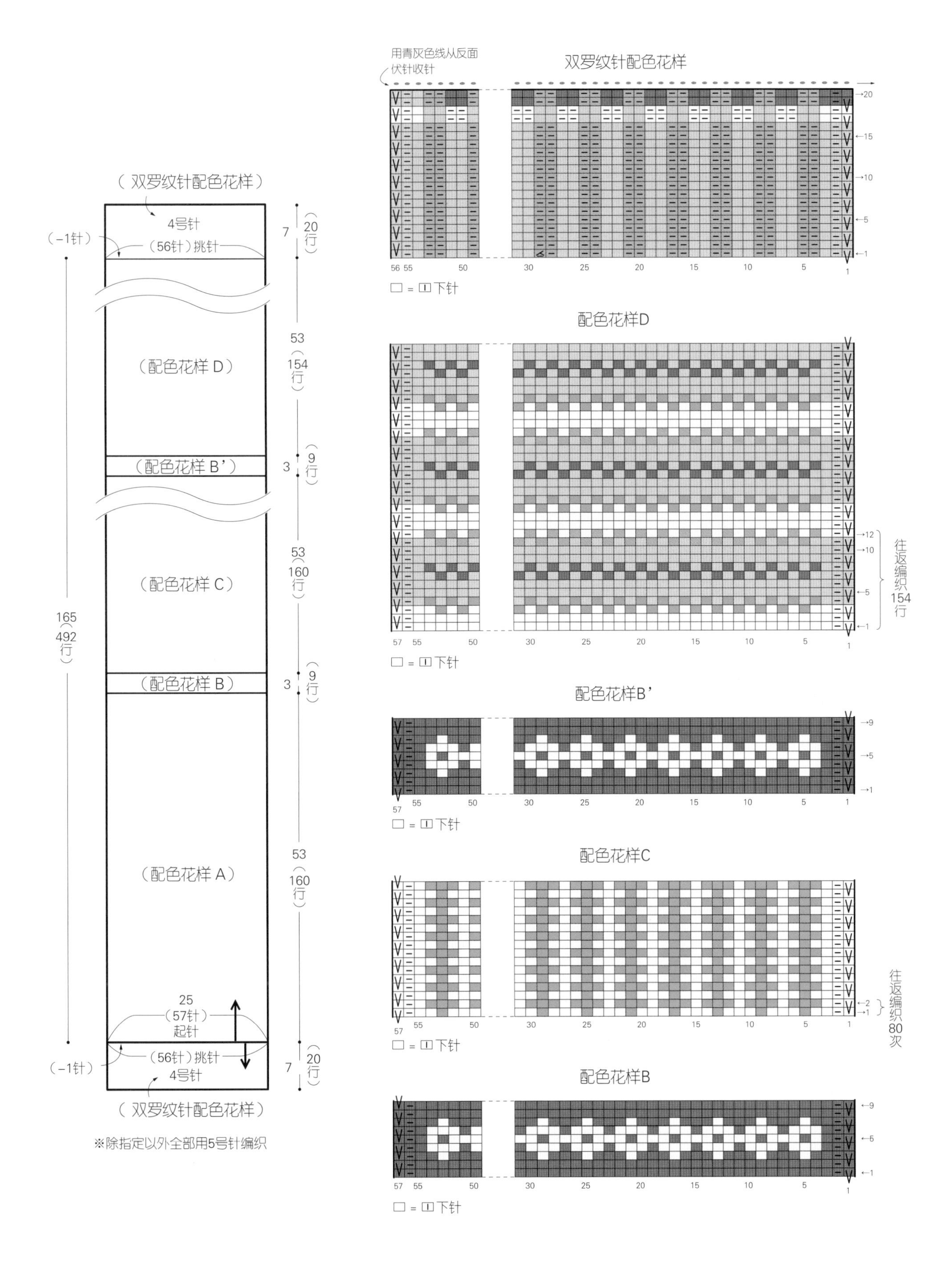

（双罗纹针配色花样）
4号针
（-1针）
（56针）挑针
7（20行）
（配色花样 D）
53（154行）
（配色花样 B'）
3（9行）
（配色花样 C）
53（160行）
165（492行）
（配色花样 B）
3（9行）
（配色花样 A）
53（160行）
25（57针）起针
（-1针）
（56针）挑针
4号针
7（20行）
（双罗纹针配色花样）
※除指定以外全部用5号针编织
用青灰色线从反面伏针收针
双罗纹针配色花样
□ = ⊡ 下针
配色花样D
往返编织154行
□ = ⊡ 下针
配色花样B'
□ = ⊡ 下针
配色花样C
往返编织80次
□ = ⊡ 下针
配色花样B
□ = ⊡ 下针

G / Cardigan P.16

●材料

线…和麻纳卡 Angora 摩卡茶色（7）75g/4团，灰色（32）65g/4团；SPECTRE MODEM (fine) 深茶色（308）140g/4团，浅蓝色（304）85g/3团，橙红色（306）80g/2团，玫红色（320）75g/2团

针…棒针8号、6号 钩针7/0号

纽扣… 直径2cm，8颗

●密度

10cm×10cm面积内：编织花样A 19针，31.5行；编织花样B 19针，23行；编织花样C 19针，37行；编织花样D 19针，29行；编织花样E 19针，43行；编织花样F 19针，26行

●成品尺寸

胸围97.5cm，衣长64.5cm，连肩袖长85cm

■编织要点

1 从下摆连接处挑取另线锁针的里山起针，前、后身片横向渡线继续编织配色花样。后身片要比前身片部分多编织8行。编织终点处，最后1针休针。

2 袖子与身片的编织方法一样，袖下在侧边1针内侧编织扭加针。袖下对齐用挑针接缝，参照图示，袖口部分要留出大拇指穿出口。

3 从身片和袖子部分挑针，分散减针编织育克。

4 下摆编织双罗纹针，编织终点处，编织双罗纹针收针。

5 相同标记处对齐，针与行对齐钉缝。

6 前门襟部分参考图示，在右前门襟部分做扣眼，编织终点处做伏针收针。

7 从育克和前门襟处挑针编织衣领。

8 缝上纽扣。

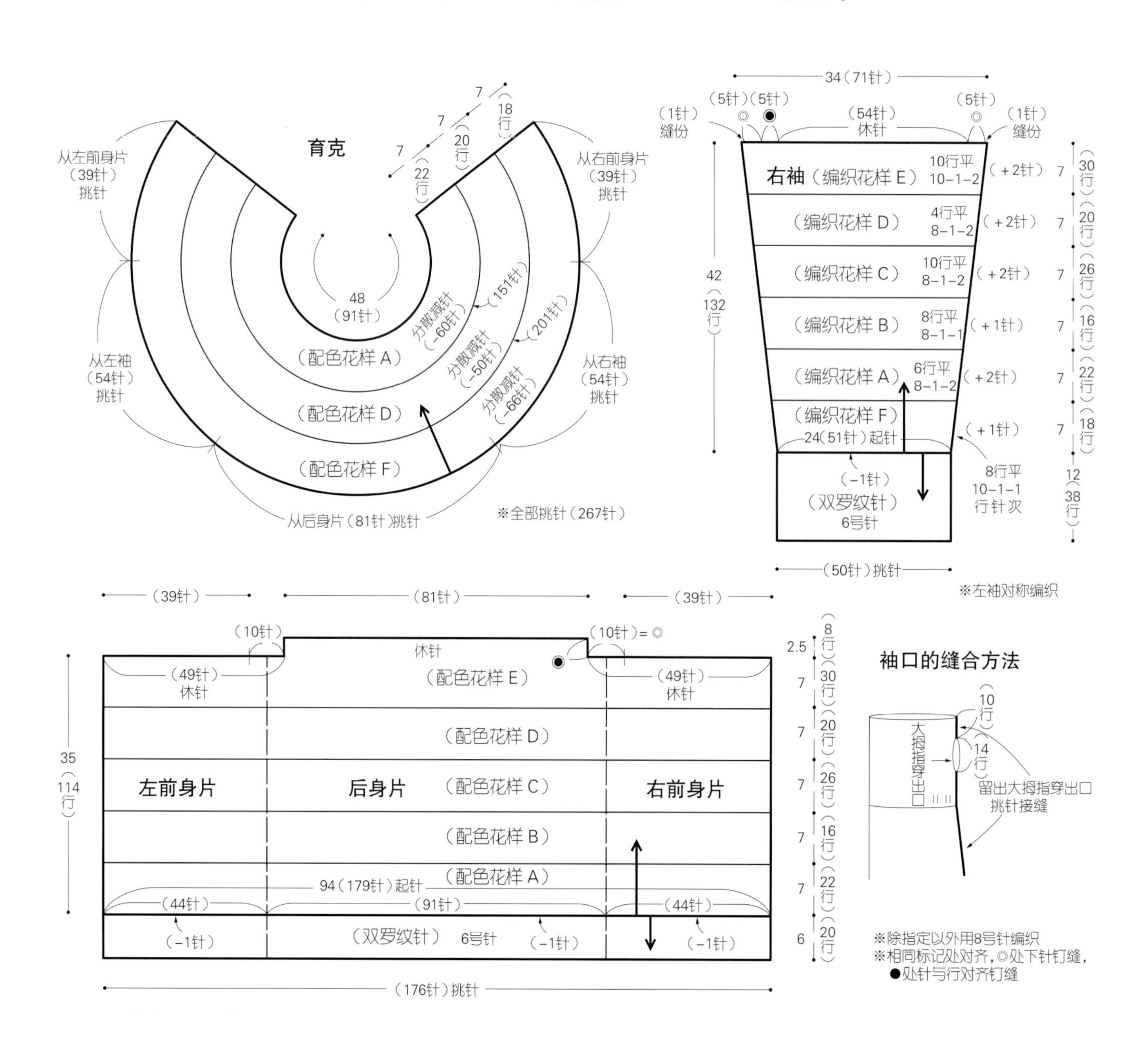

育克的分散减针

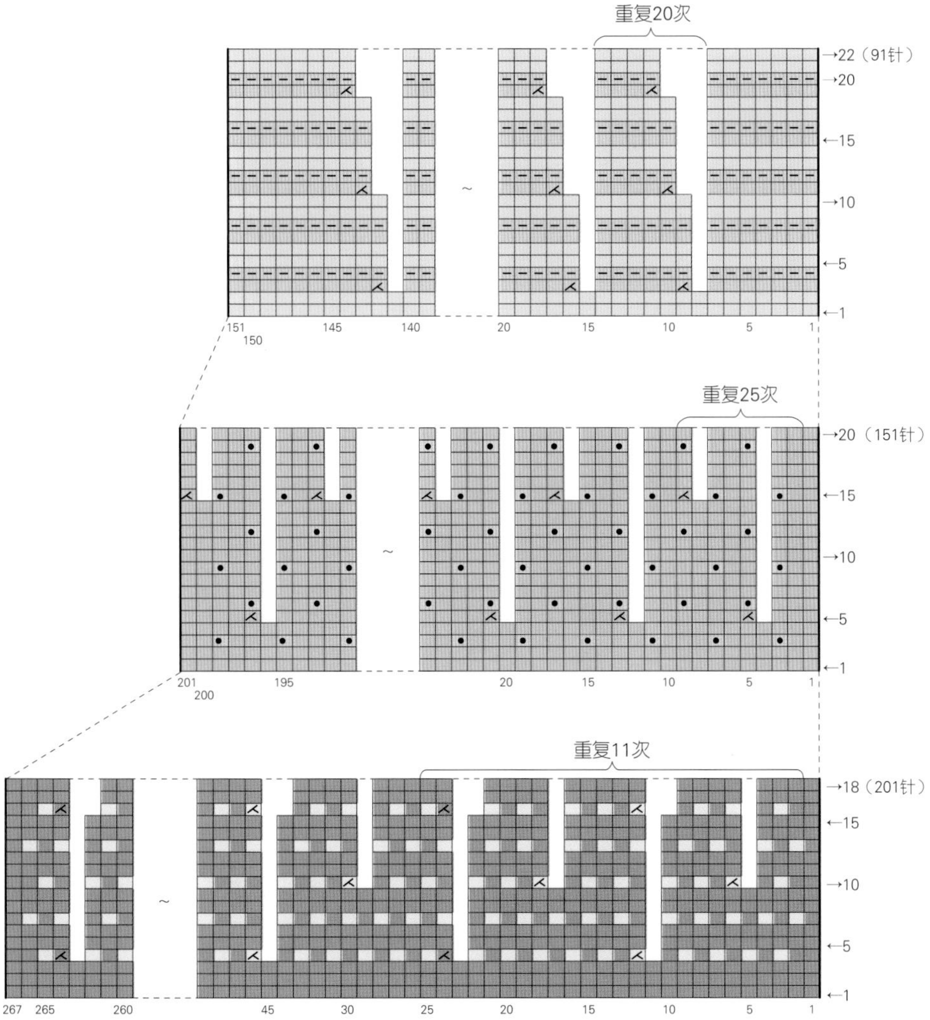

重复20次

→22（91针） →20 ←15 →10 ←5 ←1

151 150 145 140 20 15 10 5 1

重复25次

→20（151针） ←15 →10 ←5 ←1

201 200 195 20 15 10 5 1

重复11次

→18（201针） ←15 →10 ←5 ←1

267 265 260 45 30 25 20 15 10 5 1

配色花样F

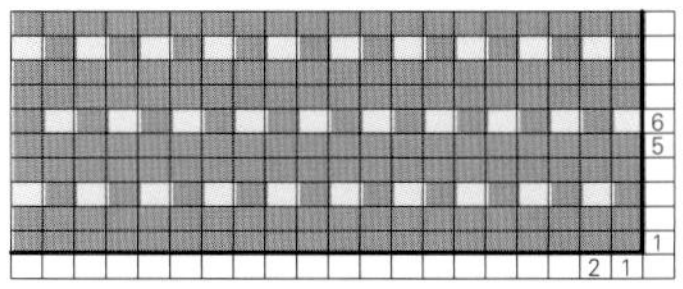

□ = ⊡ 下针

配色花样E

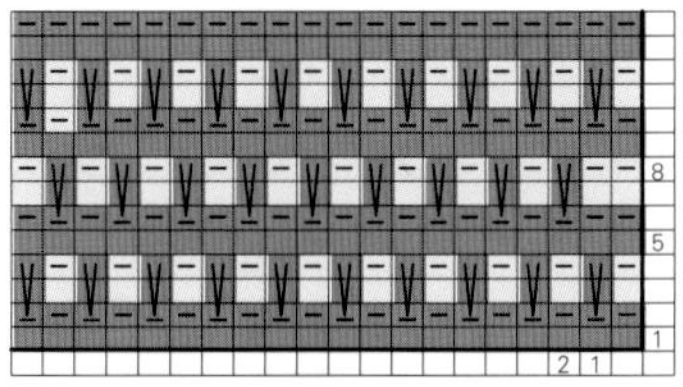

□ = ⊡ 下针

配色花样D

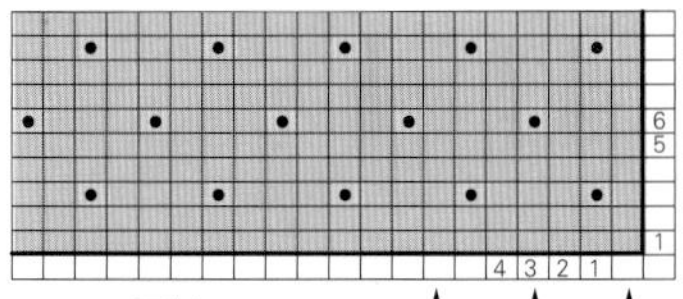

□ = ⊡ 下针

围脖 袖子 身片

编织起点

⊡ = （7/0号针）

（参照48页）

配色花样C

□ = ⊡ 下针

围脖 袖子 身片

编织起点

桂花针

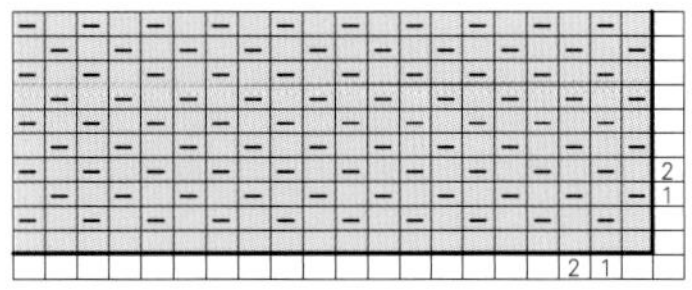

□ = ⊡ 下针

配色花样B

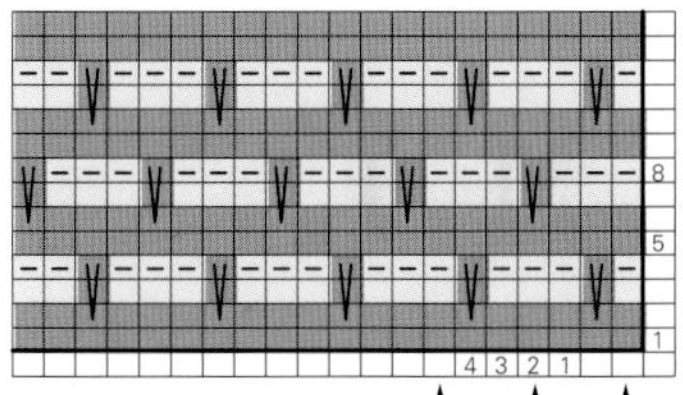

□ = ⊡ 下针

围脖、袖子 身片

编织起点

配色

- □ = 灰色
- □ = 摩卡茶色
- □ = 浅蓝色
- ■ = 玫红色
- □ = 橙红色
- ■ = 深茶色

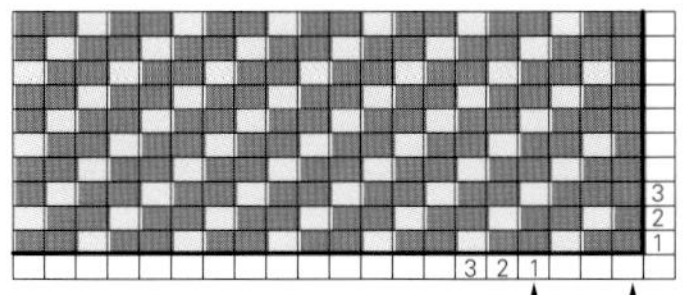

双罗纹针

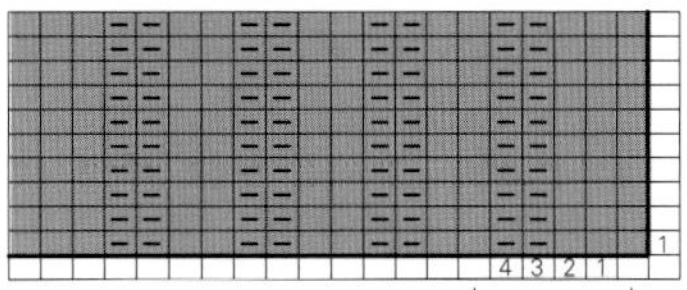

□ = ⊡ 下针

袖子 身片、衣领

编织起点

※衣领全部 □ 编织

配色花样A

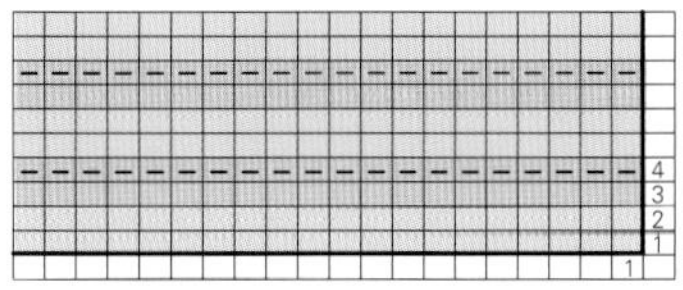

□ = ⊡ 下针

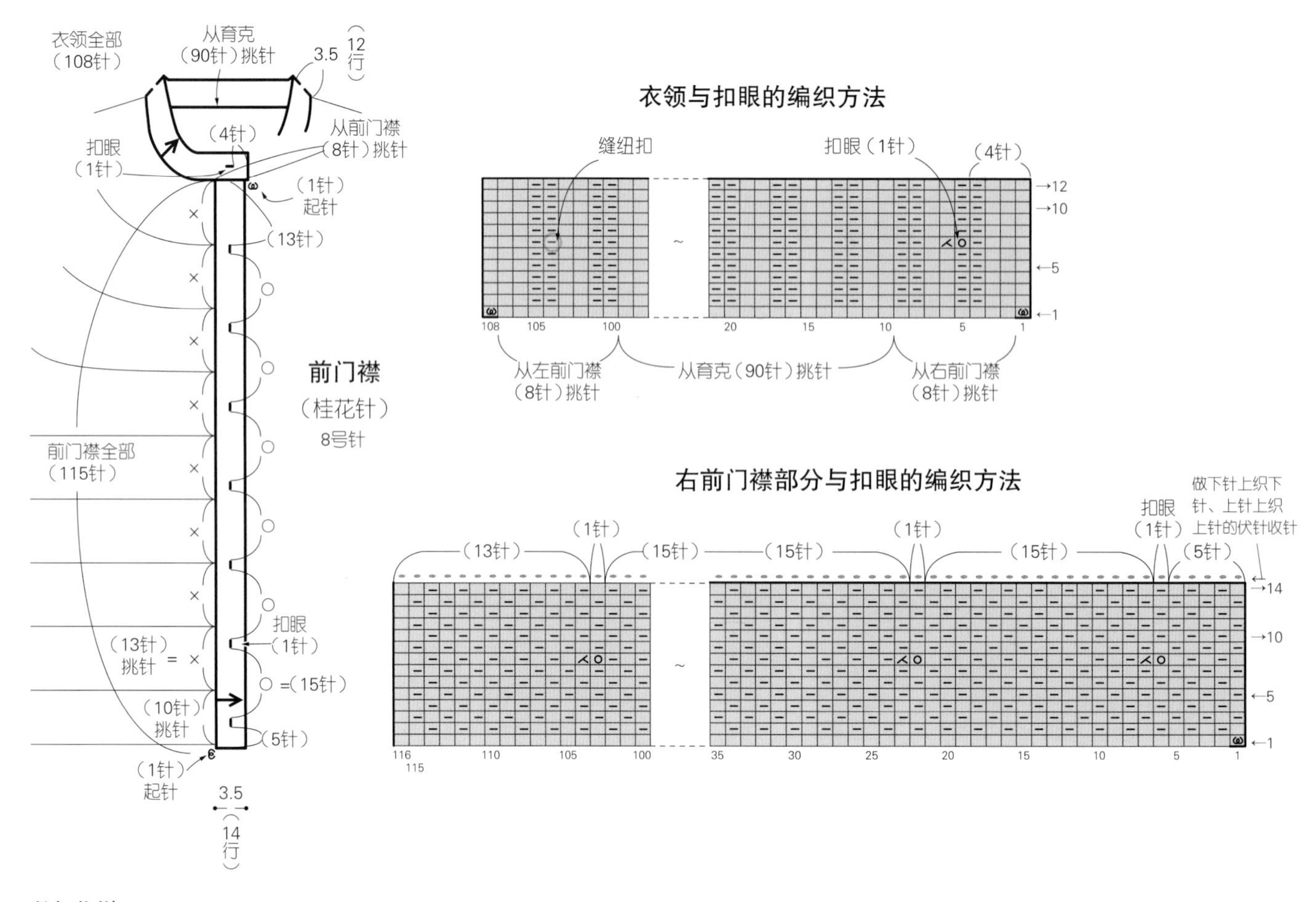

配色花样D

从正面编织的行

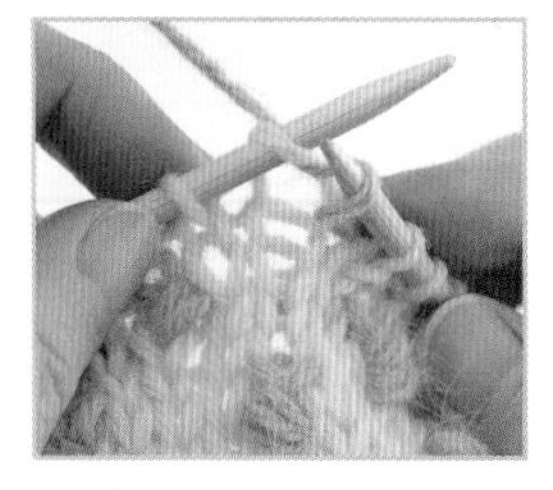

1 编织下针。

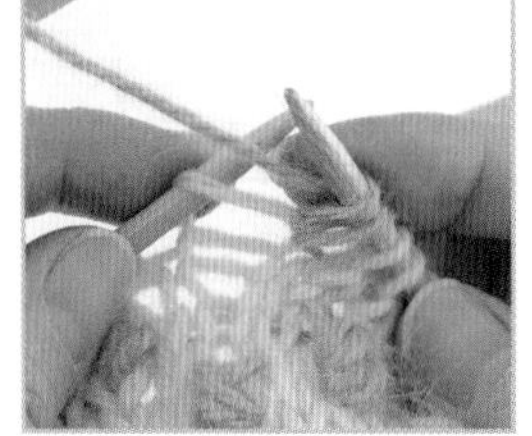

2 编织好的针目挂线，编织挂针。

3 重复步骤1、2，编织5针。

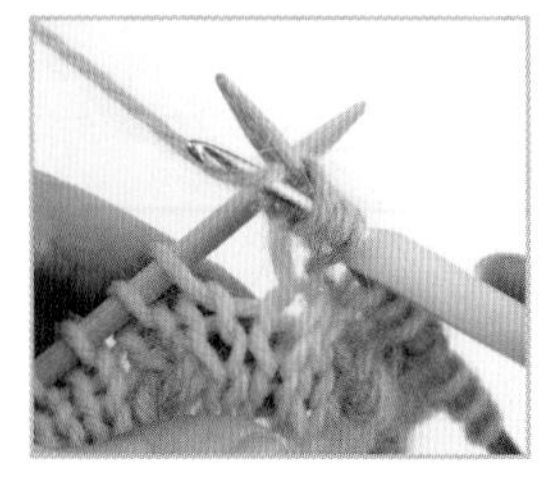

4 钩针穿过已经编织好的针目，挂线。

5 将线拉出来，从棒针那里拆开。

6 线重新回到棒针上面，按照编织图编织。

从反面编织的行

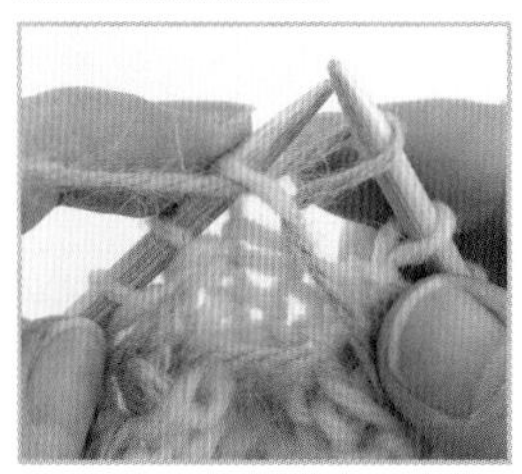

1 编织上针。

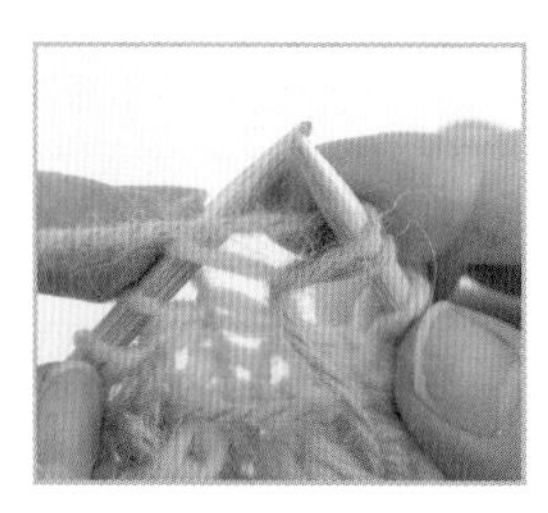

2 将编织好的针目挂在棒针上，编织挂针。

3 重复步骤1、2，编织5针。

4 和从正面编织的行的步骤4、5相同。

G / Muffler P.16

●材料

线…和麻纳卡 Angora 灰色（32）20g、摩卡茶色（7）5g/ 各 1 团；SPECTRE MODEM (fine) 深茶色（308）85g/3 团，浅蓝色（304）、橙红色（306）、玫红色（320）各 5g/ 各 1 团

针…棒针 8 号

●密度

10cm×10cm 面积内：编织花样 A 19 针，31.5 行；编织花样 B 19 针，23 行；编织花样 C 19 针，37 行；编织花样 D 19 针，29 行；编织花样 F 19 针，26 行

●成品尺寸

宽 20cm，长 120cm

■编织要点

1　手指挂线起针开始编织。编织 8 行起伏针，按照配色花样的布局，横向渡线编织。在起伏针与编织花样的分界点处纵向渡线编织。

2　编织 28 行配色花样 F 之后，左侧的 19 针休针，编织右侧的 20 针。编织了 16 行后，右侧的针目休针，接上新的毛线，编织左侧。

3　参考图示编织直至完成。编织终点处，做伏针收针。

4　从弄松的孔里面将毛线引拔出，编织 1 圈，整理编织好的织物。

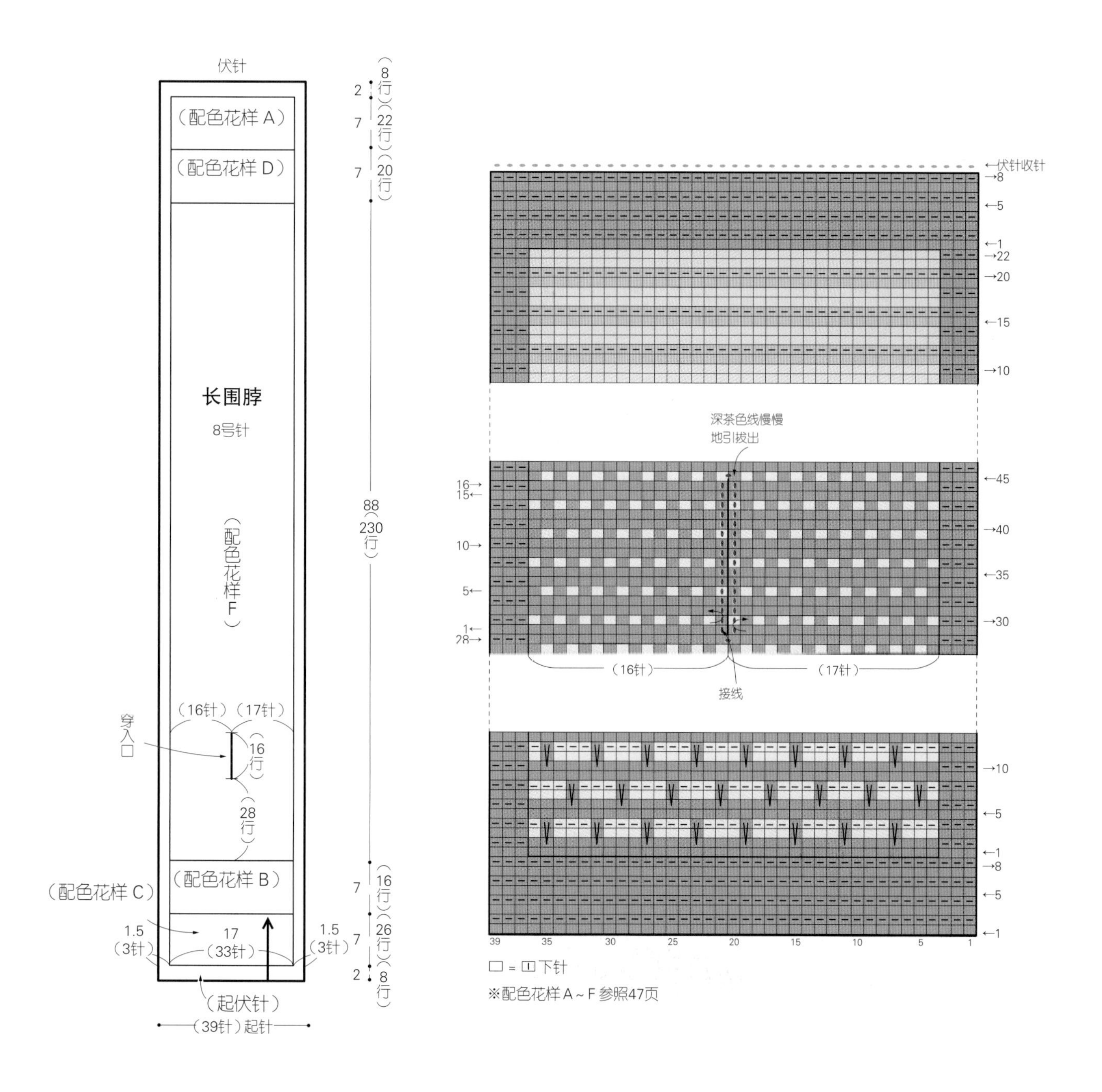

H / Vest P.17

●**材料**

线…和麻纳卡 CAMELTWEED　深橄榄绿色（5）140g/6 团，浅灰紫色（54）35g、米色（19）30g、灰青色（24）25g、浅橄榄绿色（17）10g/ 各 1 团，藏青色（28）、青绿色（44）各 5 g/ 各 1 团

针…棒针 5 号、4 号

●**密度**

10cm × 10cm 面积内（4 号针）: 下针编织 : 21.5 针，34 行 ; 配色花样（5 号针）: 22.5 针，30 行

●**成品尺寸**

胸围 104cm，肩宽 41cm，长 65cm

■**编织要点**

1　从下摆连接处挑取另线锁针的里山起针，后身片做下针编织，前身片横向渡线编织配色花样。袖窝与领窝立起侧边 1 针减针。前领窝中间休针，肩部往返编织。

2　将前、后身片正面相对盖针钉缝，前身片的袖口一侧编织 2 针并 1 针减针，对齐前、后身片的针目。胁处调整行数挑针接缝（用深橄榄绿色线）。

3　拆开另线锁针挑针编织下摆，后身片保持原来的针数，前身片第 1 行均匀减针，环形编织双罗纹针配色花样。编织终点处，从反面做伏针收针。

4　从身片部分挑针编织领窝与袖窝，环形编织双罗纹针配色花样。V 领尖参考图示减针编织。

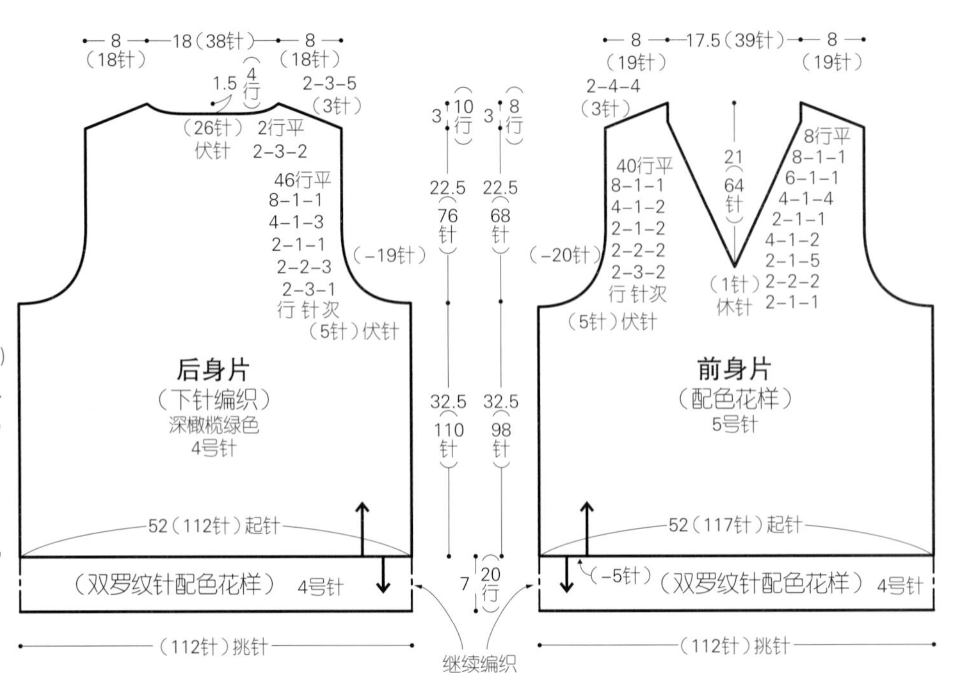

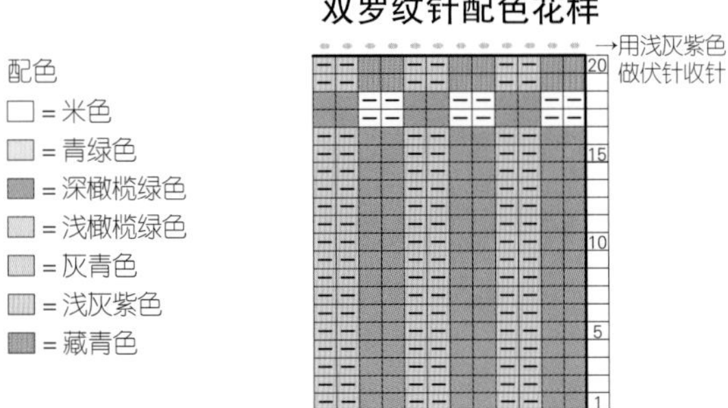

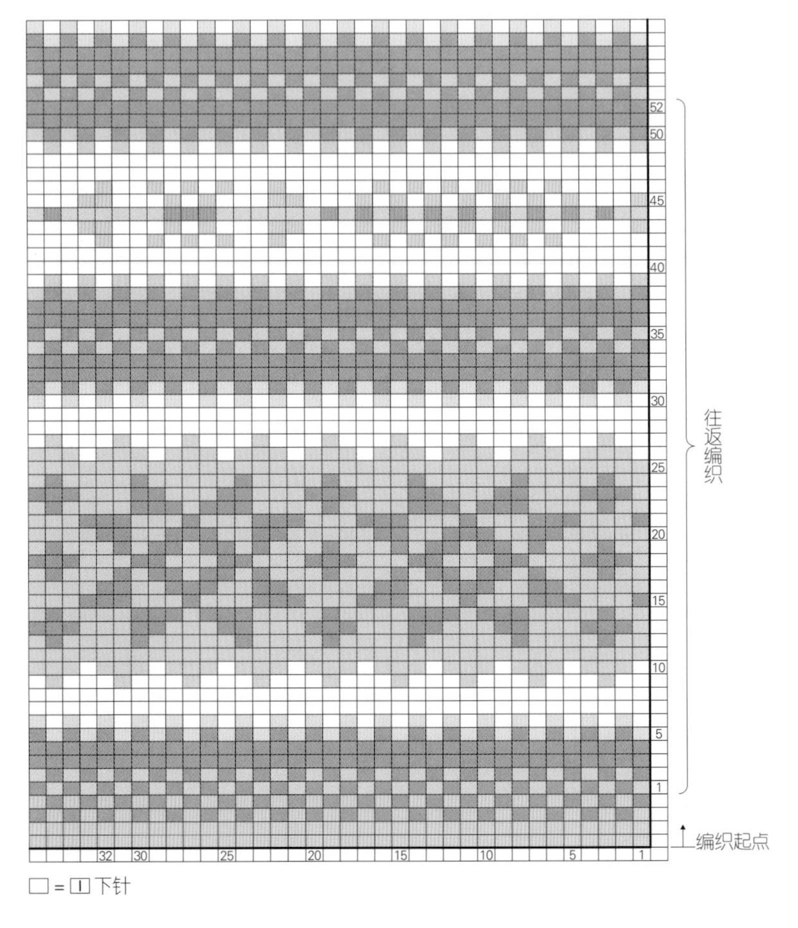

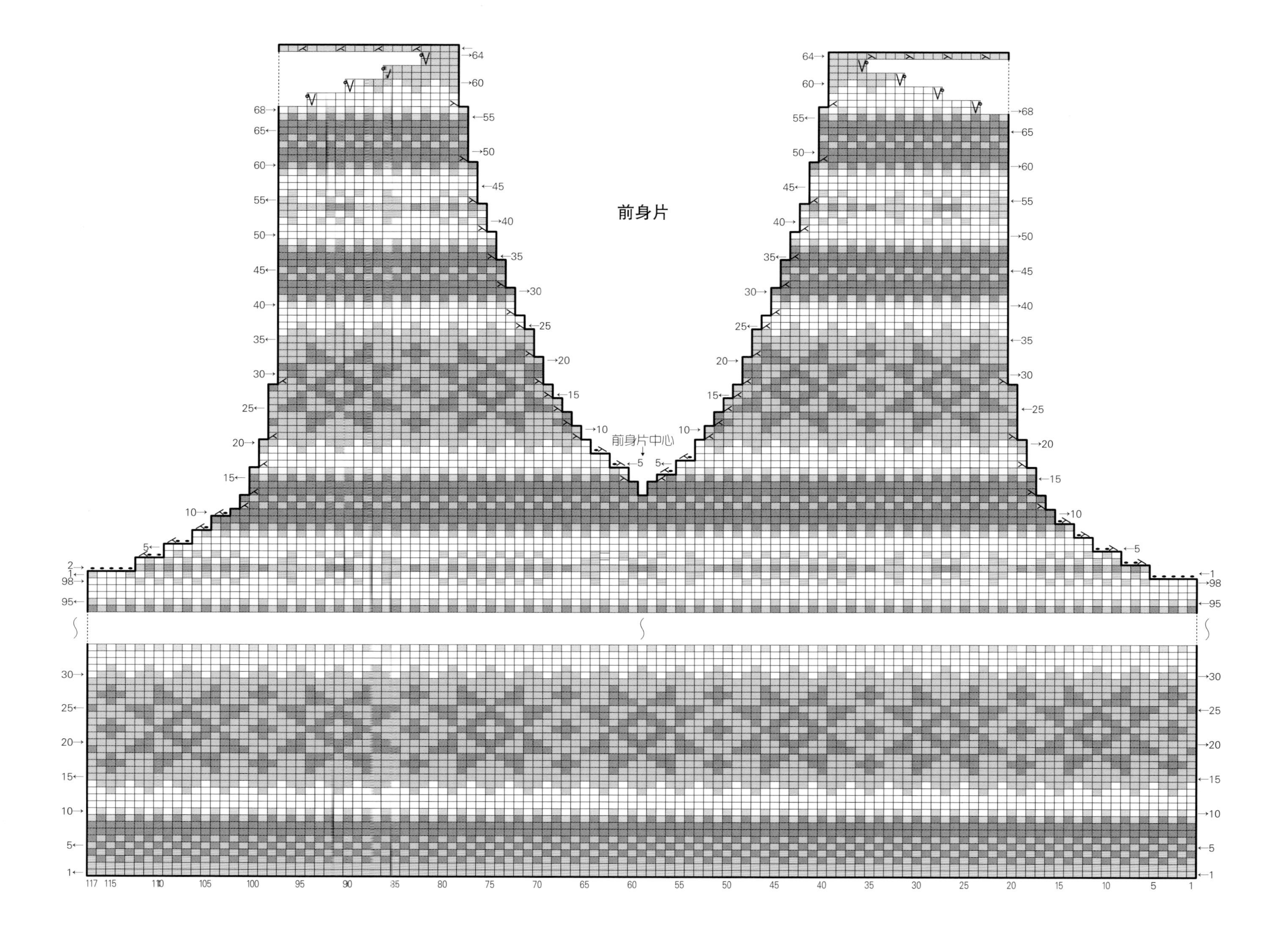
前身片
前身片中心

领口、袖口
（双罗纹针配色花样）4号针

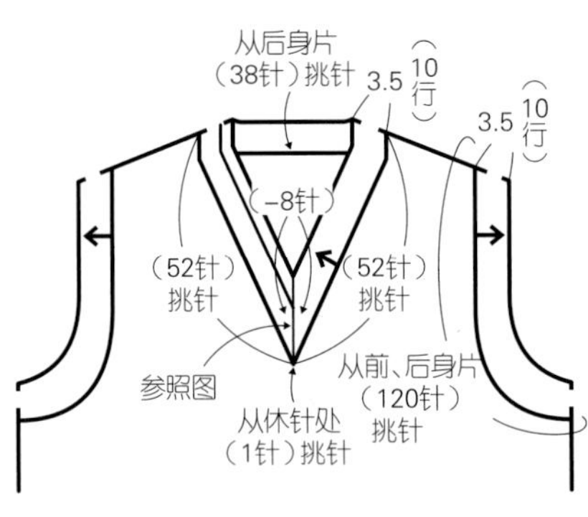

V领尖的编织方法
（双罗纹针配色花样）

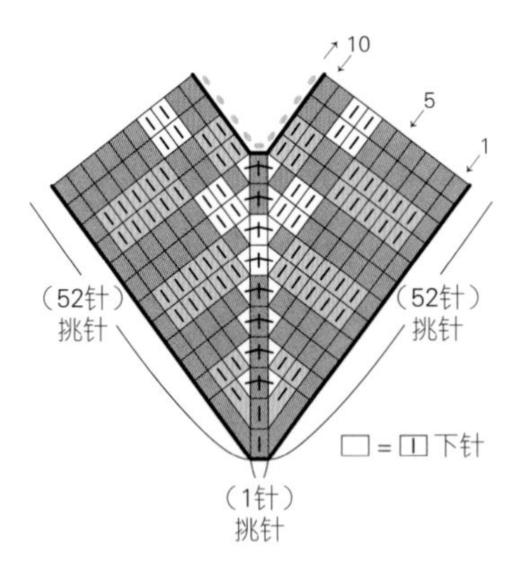

双罗纹针配色花样

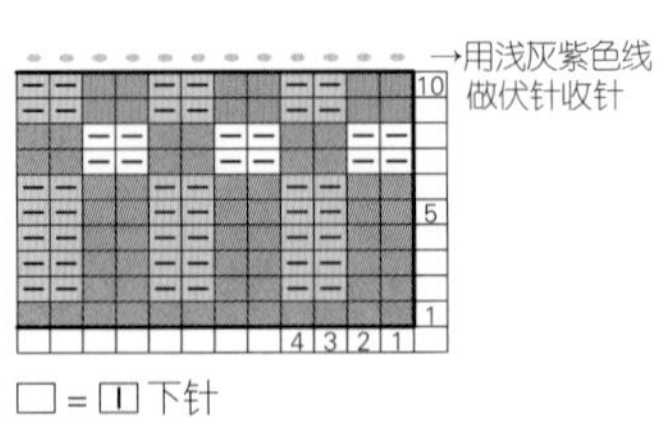

配色花样A、B

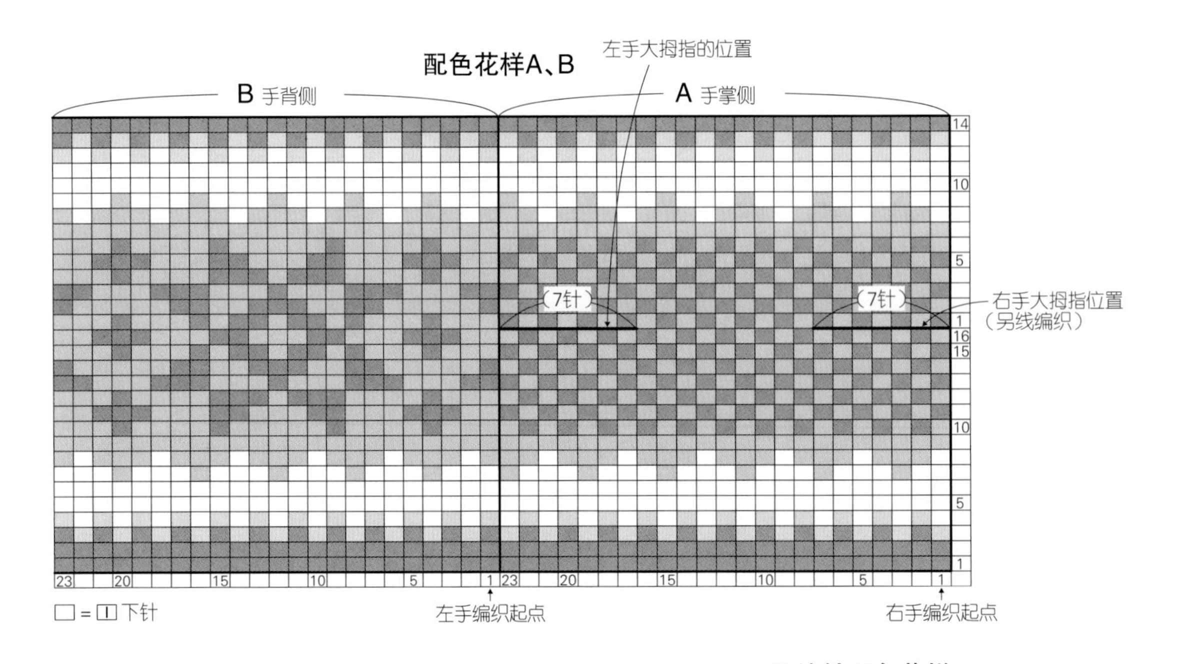

双罗纹针配色花样

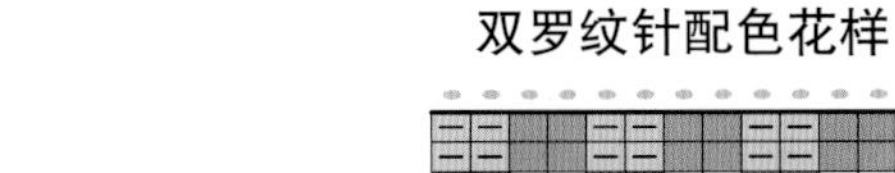

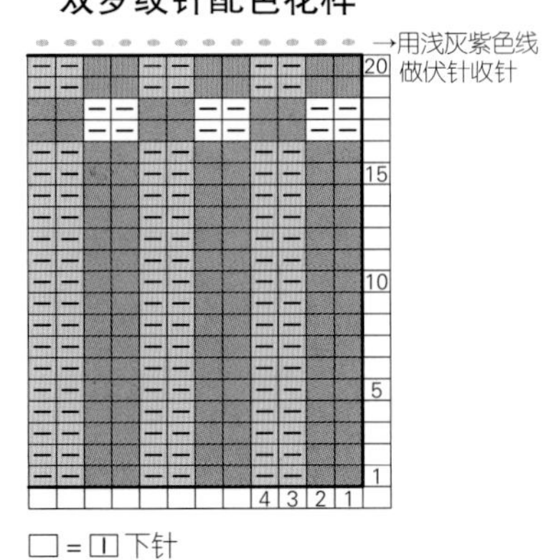

I / Gloves P.18

●材料

线…和麻纳卡 CAMELTWEED　深橄榄绿色(5)11g /1 团，藏青色（28) /11g、青绿色（24)7g、浅灰紫色（54)6g、浅橄榄绿色（17）6g、米色（19）4 g、灰青色（44）2 g/ 各 1 团

针…棒针 5 号、4 号

●密度

10cm × 10cm 面积内：配色花样 23 针，28.5 行；下针编织 23 针，28 行

●成品尺寸

手掌围 20cm，长度 26cm

■编织要点

1　从连接处挑起另线锁针的里山起针，做环，横向渡线编织配色花样 A、B。大拇指处用另线编织配色花样（参照 37 页）。

2　在▲处起 1 针，编织成环状，该处为食指部分，编织终点处，做伏针收针。中指与无名指是在▲处起 1 针，在△处挑针环形编织，最后收紧毛线。小指是从△处挑针（11 针），环形编织。

3　大拇指处的编织方法参照 37 页，挑针编织，编织终点处，做伏针收针。

4　手腕处的双罗纹针配色花样要拆开另线锁针的起针挑针，环形编织。编织终点处，从反面做伏针收针。

5　左手手套要对称编织。

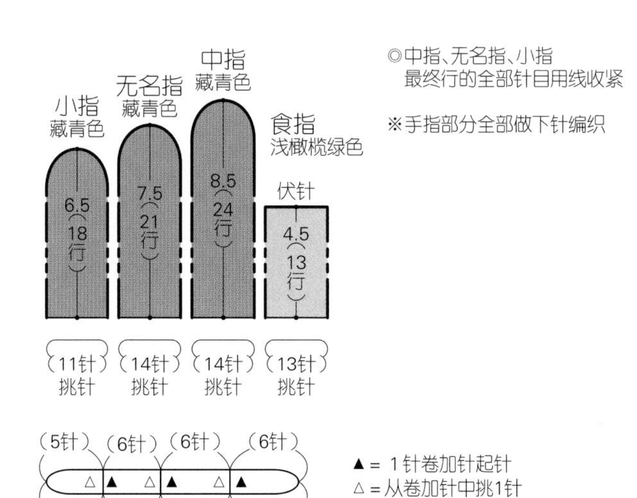

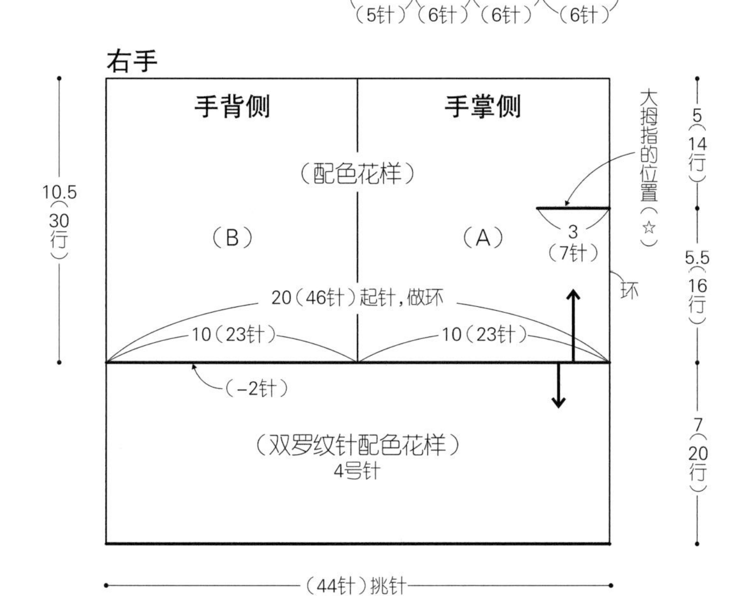

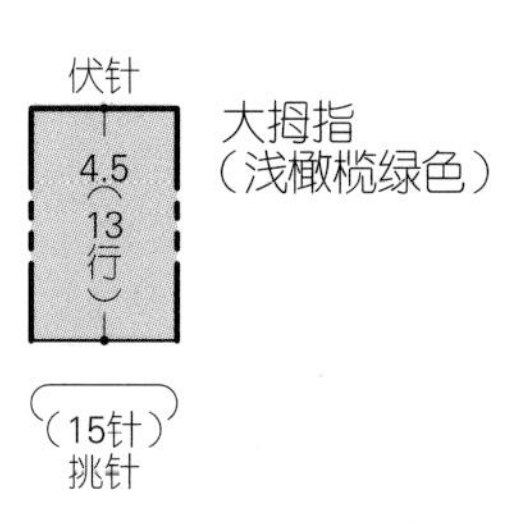

※除指定以外用 5 号针编织
※左手手套要对称编织
☆大拇指的位置要另线编织配色花样

M / Beret P.29

●材料

线…和麻纳卡 CAMELTWEED　米色（1）17g/1 团，紫罗兰色（66）10g、胭脂红色（63）8g、橘黄色（81）5g、橄榄绿色（13）4 g、橘红色（79）3g、朱红色（73）3 g/ 各 1 团

针…棒针 5 号、4 号

●密度

10cm × 10cm 面积内：配色花样 22 针，30 行

●成品尺寸

帽围 54cm，帽深 21.5cm

■编织要点

1　从连接处挑起另线锁针的里山起针，做环，横向渡线编织配色花样。参考图示分散加减针，毛线穿过 2 次最终行的针目后收紧。

2　拆开另线锁针的起针，挑针编织双罗纹针配色花样，完成帽口，编织终点处，从反面做伏针收针。

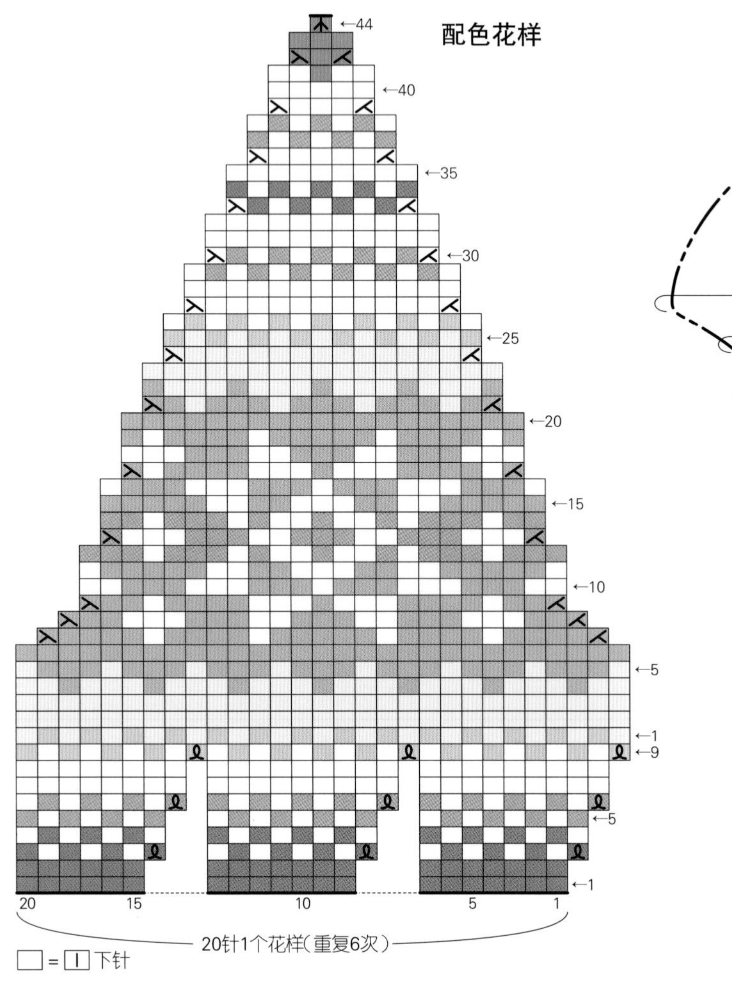

（6针）　线穿过2次剩余的针目后拉紧

分散减针（-168针）

（配色花样）
5号针

79（174针）

（+54针）

54（120针）起针

分散加针

（双罗纹针配色花样）4号针

（120针）挑针

15（44行）

3（9行）

3.5（12行）

配色

□ = 米色

□ = 胭脂红色

□ = 橄榄绿色

□ = 橘红色

□ = 紫罗兰色

□ = 橘黄色

□ = 朱红色

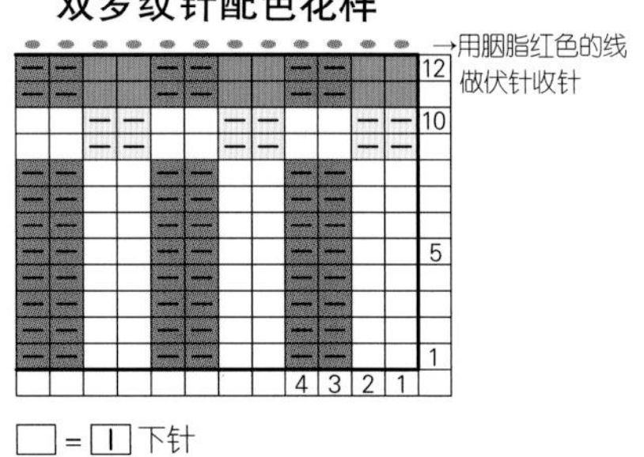

I / Cap P.18

●材料

线…和麻纳卡 CAMELTWEED　深橄榄绿色（5）20g/1 团，浅灰紫色（54）18g、米色（19）8g、青绿色（24）7g/ 各 1 团，浅橄榄绿色（17）、藏青色（28）、灰青色（44）各 3 g/ 各 1 团

针…棒针 5 号

●密度

10cm × 10cm 面积内：配色花样 21.5 针，30 行

●成品尺寸

帽围 50cm，帽深 22cm

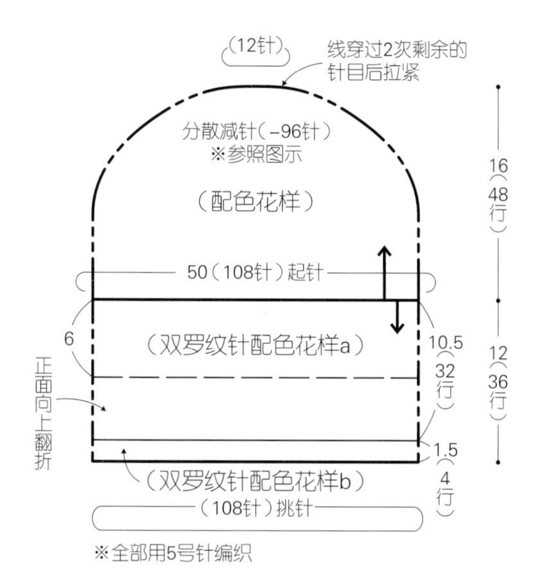

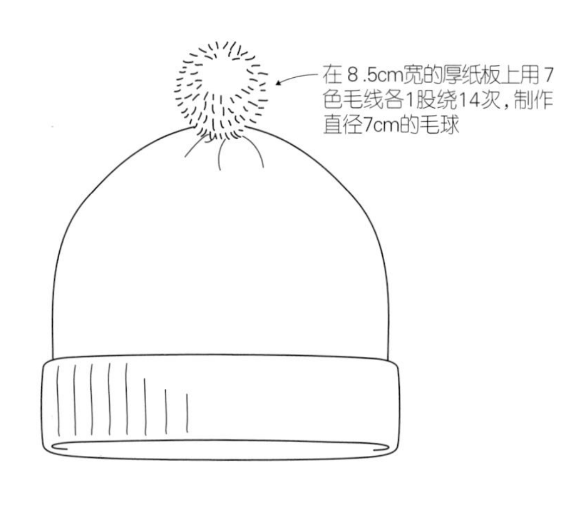

配色花样

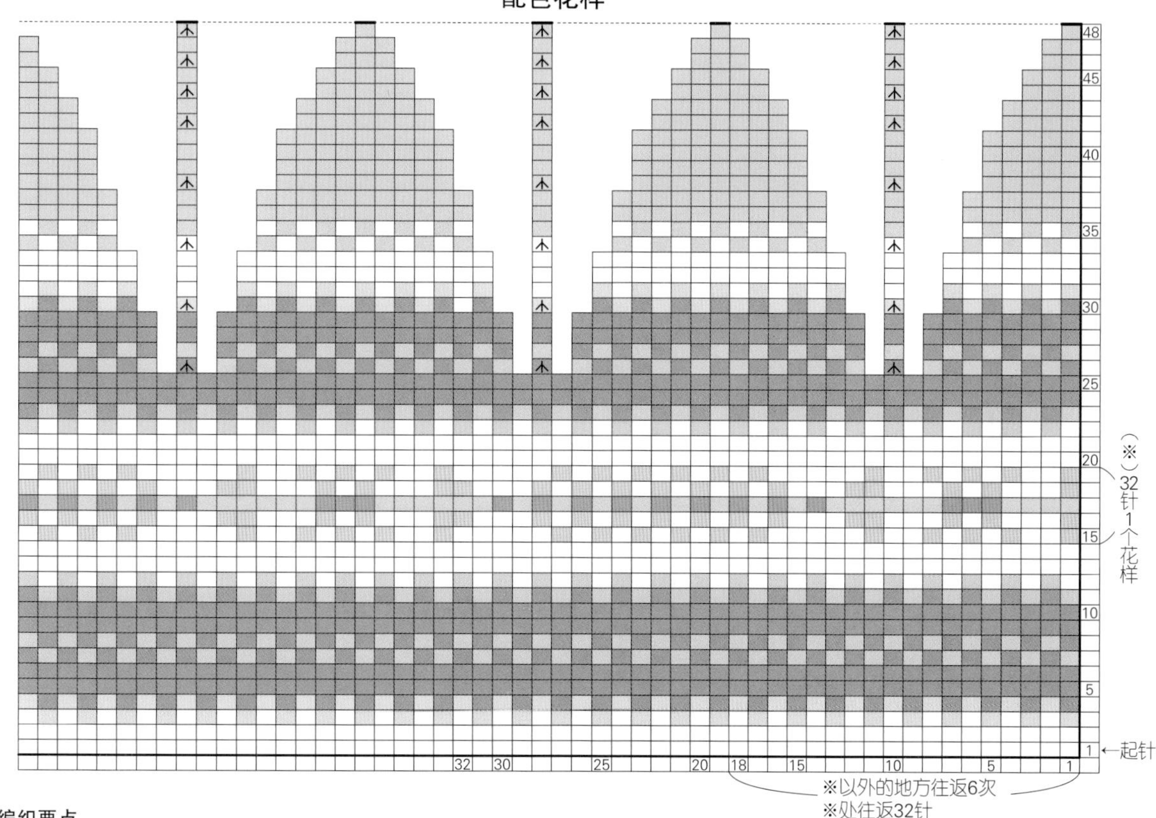

■编织要点

1　从连接处挑出另线锁针的里山起针，做环，横向渡线编织配色花样。参考图示分散加减针，毛线穿过2次最终行的针目后收紧。

2　拆开另线锁针的起针挑针，反面向上，编织双罗纹针配色花样a和b。编织终点处，做伏针收针。

3　毛球取7种颜色的线各1股制作，缝合在帽子的顶部。

双罗纹针配色花样

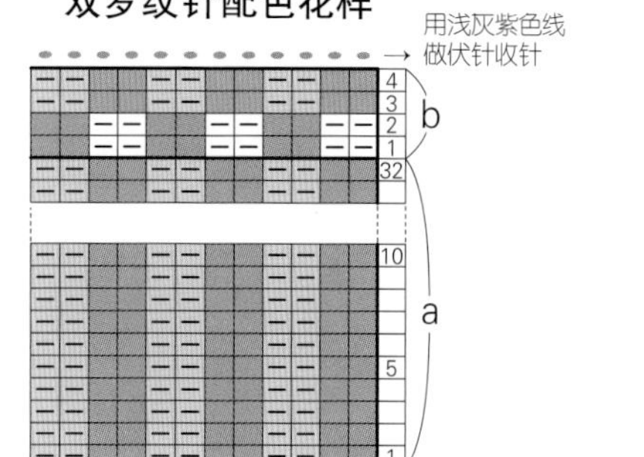

□＝□ 下针

配色

- □＝米色
- □＝灰青色
- ■＝深橄榄绿色
- □＝浅橄榄绿色
- □＝青绿色
- □＝浅灰紫色
- ■＝藏青色

M / Cardigan P.28

●材料

线…和麻纳卡 CAMELTWEED　米色（1）210g/9 团，胭脂红色（63）50g/2 团，橘黄色（81）40g、紫罗兰色（66）25g、橄榄绿色（13）15g、朱红色（73）12g、橘红色（79）10g/ 各 1 团

针…棒针 5 号、4 号

纽扣…直径 1.5cm（橘红色），8 颗

●密度

10cm×10cm 面积内：下针编织 22 针，32 行；配色花样 A 22 针，28 行

●成品尺寸

胸围 101cm，衣长 59.5cm，连肩袖长 72.5cm

■编织要点

1　从下摆连接处挑起另线锁针的里山起针，横向渡线编织配色花样 A，继续做下针编织，袖窿与育克线减针时，2 针以上时做伏针减针，1 针时立起侧边 1 针减针。

2　袖与身片同样起针编织，袖下侧边 1 针内侧编织扭加针。

3　拆开下摆与袖口的另线锁针挑针，第 1 行在指定数量的针目上编织双罗纹针配色花样，编织终点处，从反面做伏针收针。

4　胁与插肩线、袖下挑针接缝，相同标记处对齐做下针钉缝。

5　从身片和袖子中挑针编织育克部分，分散减针编织花样 B。

6　挑针编织前门襟部分，从前门襟与育克部分挑针编织衣领。

7　在右前门襟与衣领的指定位置做扣眼（参照 85 页）。在左前门襟上缝上纽扣。

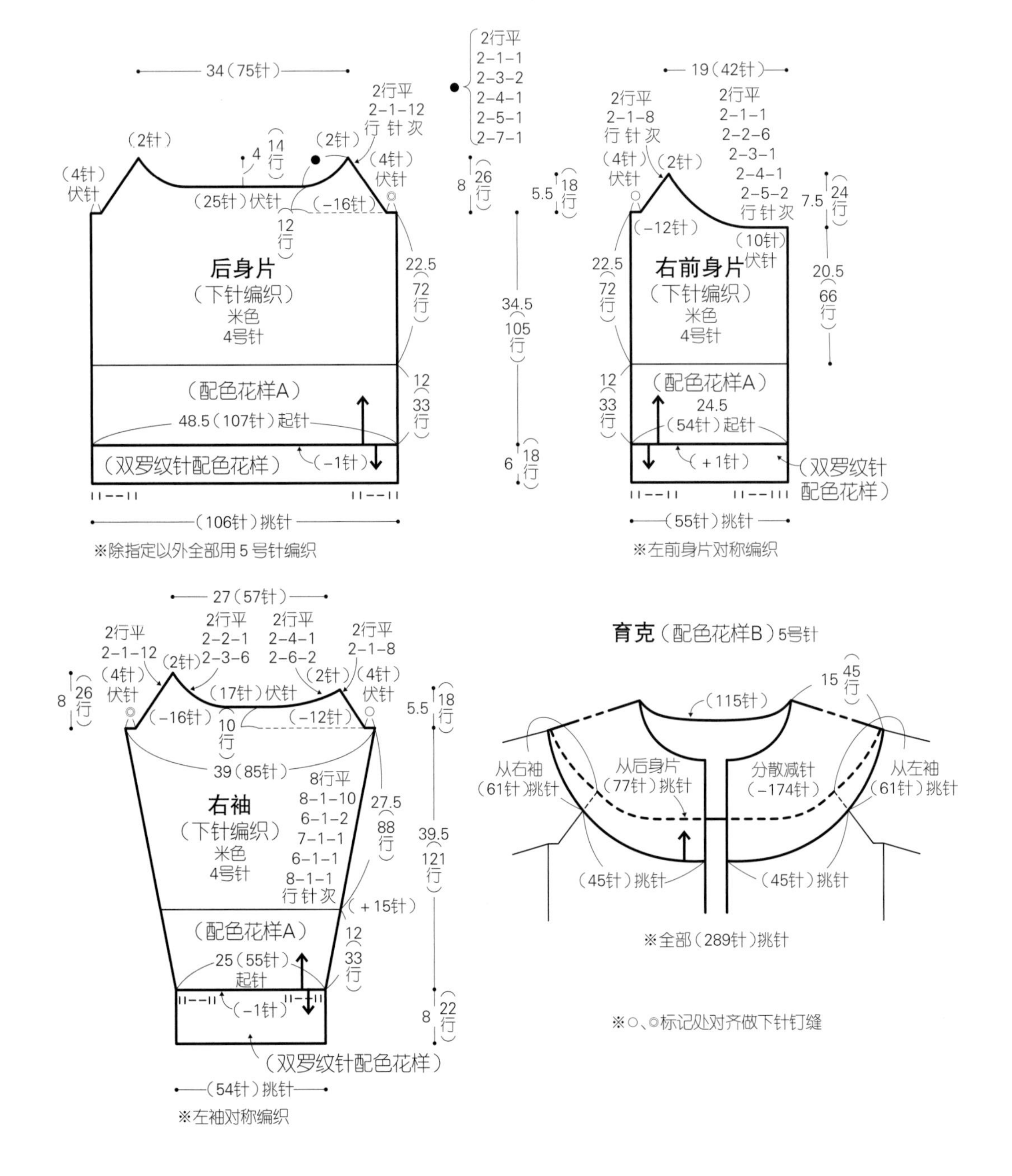

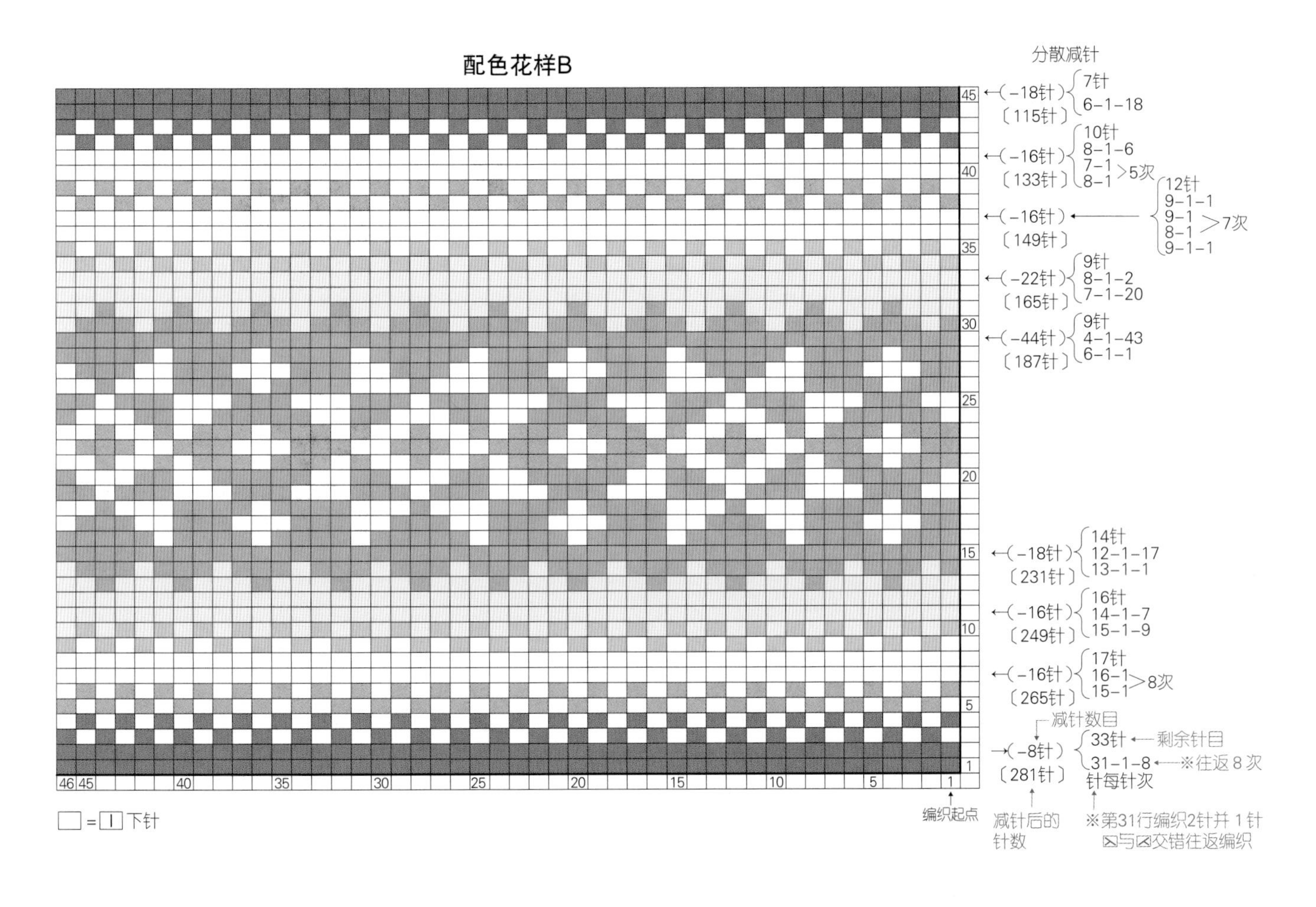
配色花样B
分散减针
←(−18针) 7针 6−1−18
〔115针〕
←(−16针) 10针 8−1−6 7−1 8−1 >5次
〔133针〕
←(−16针) ←
〔149针〕
12针 9−1−1 9−1 8−1 >7次 9−1−1
←(−22针) 9针 8−1−2 7−1−20
〔165针〕
←(−44针) 9针 4−1−43 6−1−1
〔187针〕
←(−18针) 14针 12−1−17 13−1−1
〔231针〕
←(−16针) 16针 14−1−7 15−1−9
〔249针〕
←(−16针) 17针 16−1 15−1 >8次
〔265针〕
减针数目
→(−8针) 33针 ←剩余针目
〔281针〕 31−1−8 ←※往返8次
针每针次
减针后的针数
※第31行编织2针并1针 ⊠与⊠交错往返编织
□=⏐下针
编织起点

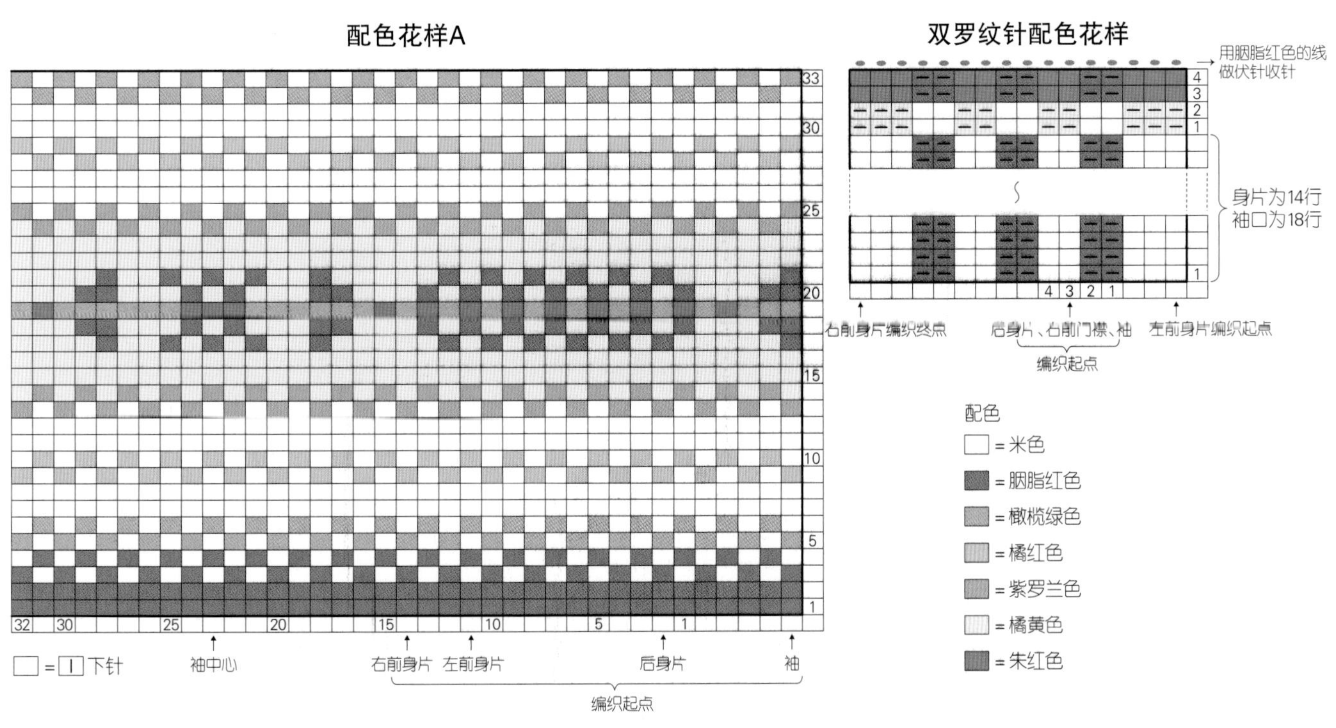
配色花样A
□=⏐下针
袖中心
右前身片 左前身片
后身片
袖
编织起点
双罗纹针配色花样
→用胭脂红色的线做伏针收针
身片为14行
袖口为18行
右前身片编织终点
后身片、右前门襟、袖
编织起点
左前身片编织起点
配色
□=米色
■=胭脂红色
■=橄榄绿色
■=橘红色
■=紫罗兰色
■=橘黄色
■=朱红色

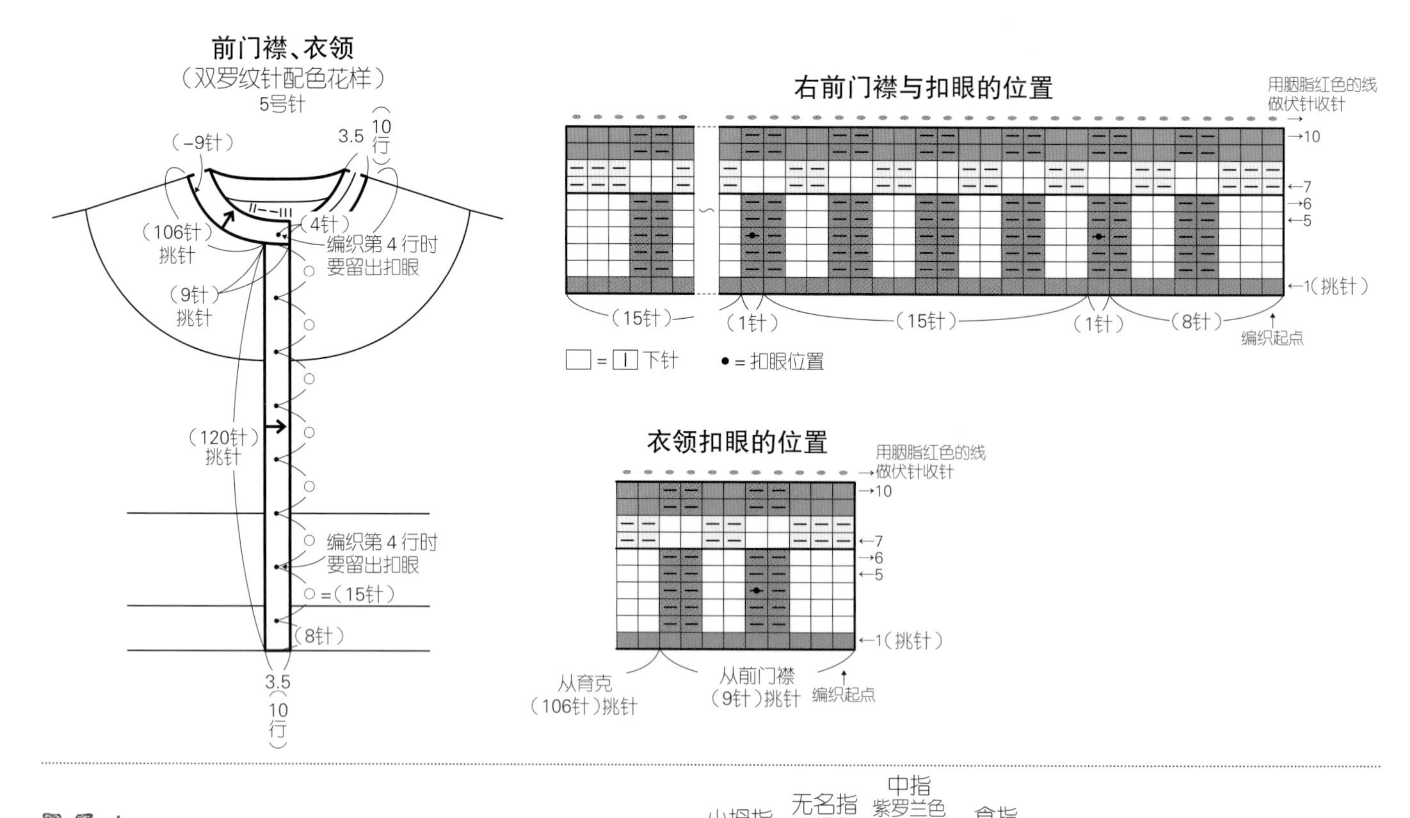

●材料

线…和麻纳卡 CAMELTWEED　米色（1）20g/1 团；百分比　胭脂红色（63）12g、紫罗兰色（66）10g、橄榄绿色（13）5g、橘黄色（81）5 g/ 各 1 团，朱红色（73）、橘红色（79）各少许 / 各 1 团

针…棒针 5 号、4 号

●密度

10cm × 10cm 面积内：配色花样 22 针，28 行

●成品尺寸

手掌围 20cm，长 33cm

■编织要点

1　从连接处挑出另线锁针的里山起针，做环，横向渡线编织配色花样 A、B。大拇指处另线编织配色花样（参照 37 页）。

2　在▲处起 1 针，环形编织食指，毛线穿过最后一行后收紧。在▲处起 1 针，从△处挑针编织中指与无名指，编织指定针数。从△处挑 11 针编织小指。

3　拆开另线锁针挑针，环形编织手腕的双罗纹针配色花样。编织终点处，反面向上做伏针收针。

4　左手手套要对称编织。

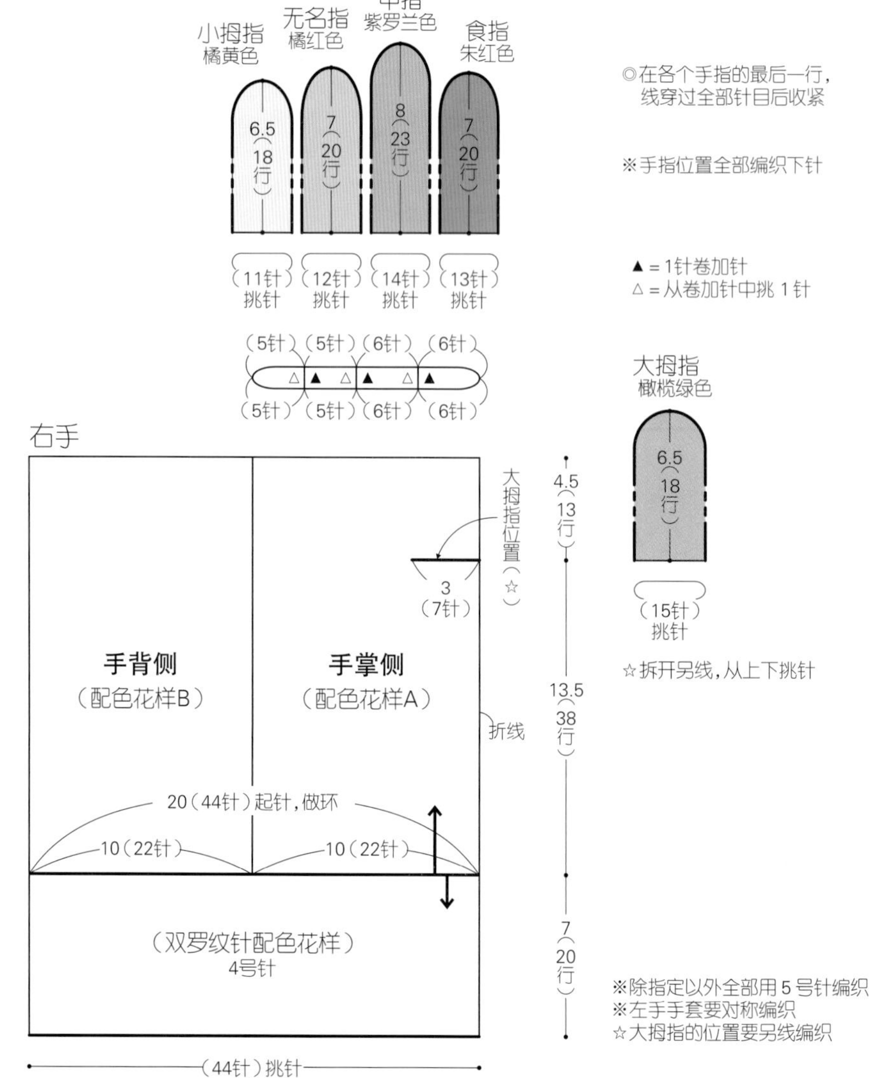

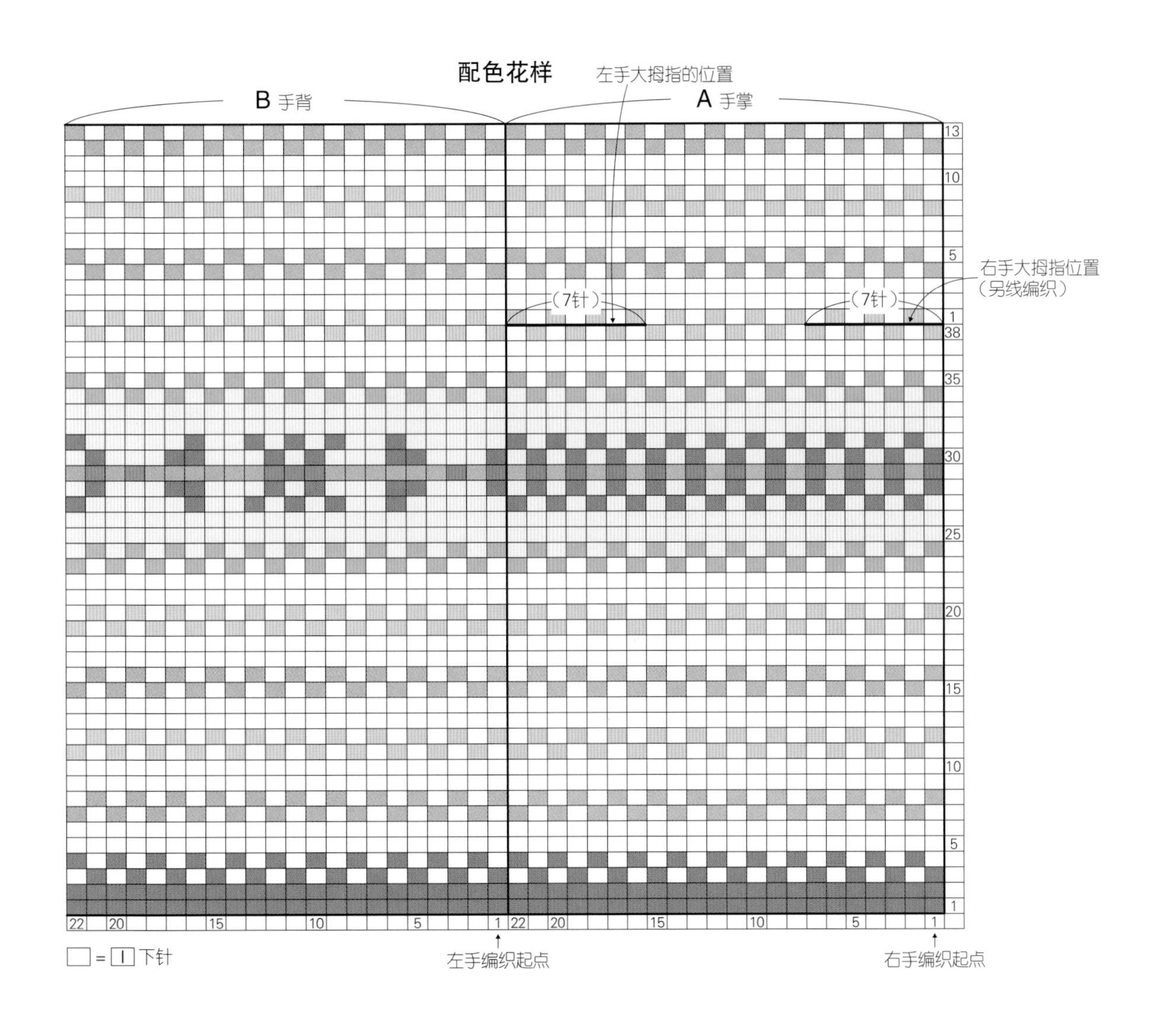
配色花样
B 手背
A 手掌
左手大拇指的位置
右手大拇指位置
（另线编织）
（7针）
（7针）
左手编织起点
右手编织起点
□ = 丨 下针

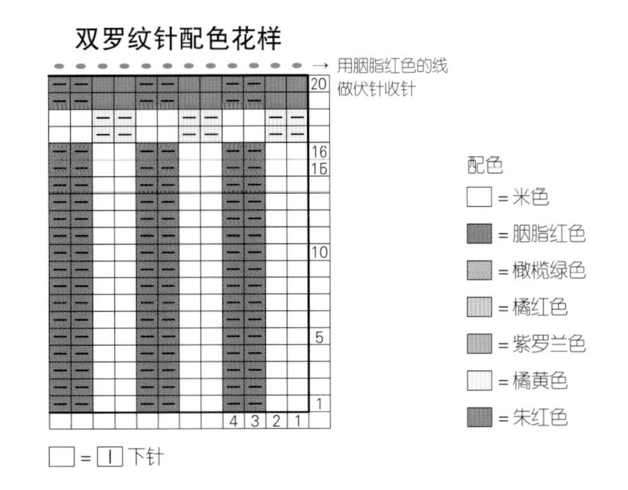
双罗纹针配色花样
→ 用胭脂红色的线做伏针收针
□ = 丨 下针
配色
□ = 米色
■ = 胭脂红色
■ = 橄榄绿色
■ = 橘红色
■ = 紫罗兰色
■ = 橘黄色
■ = 朱红色

M / High socks P.30

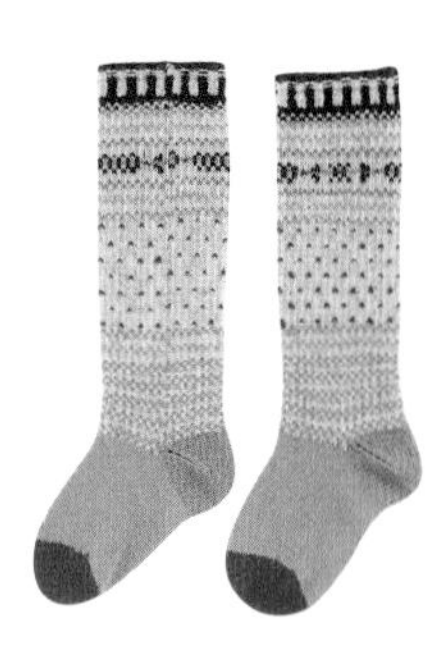

●材料

线…和麻纳卡 CAMELTWEED 米色（1）35g/2团，橄榄绿色（13）26g、橘红色（79）25g、朱红色（73）11g、胭脂红色（63）8 g、橘黄色（81）7g、紫罗兰色（66）少许 / 各 1 团

针…棒针 5 号、4 号

●密度

10cm×10cm 面积内：下针编织 22 针，30 行；配色花样 22 针，28 行

●成品尺寸

参照图示

■编织要点

1 从钉缝口挑起另线锁针的里山起针，编织为环状，横向渡线编织配色花样 A、B。

2 编织终点的最后 28 针休针，参照 36 页编织脚踝部分，用指定的配色线编织。再加上之前袜面一侧的休针针目，将袜底和袜面环形编织下针编织。

3 在指定位置减针编织袜头部分。毛线一端留出大约 30cm 长，将毛线穿过手缝针，袜面和袜底的针目对齐，下针钉缝。

4 拆开另线锁针的起针挑针编织钉缝口的双罗纹针配色花样，将其编织为环状。编织终点处，反面向上做伏针收针。

5 左边的中筒袜要对称编织。

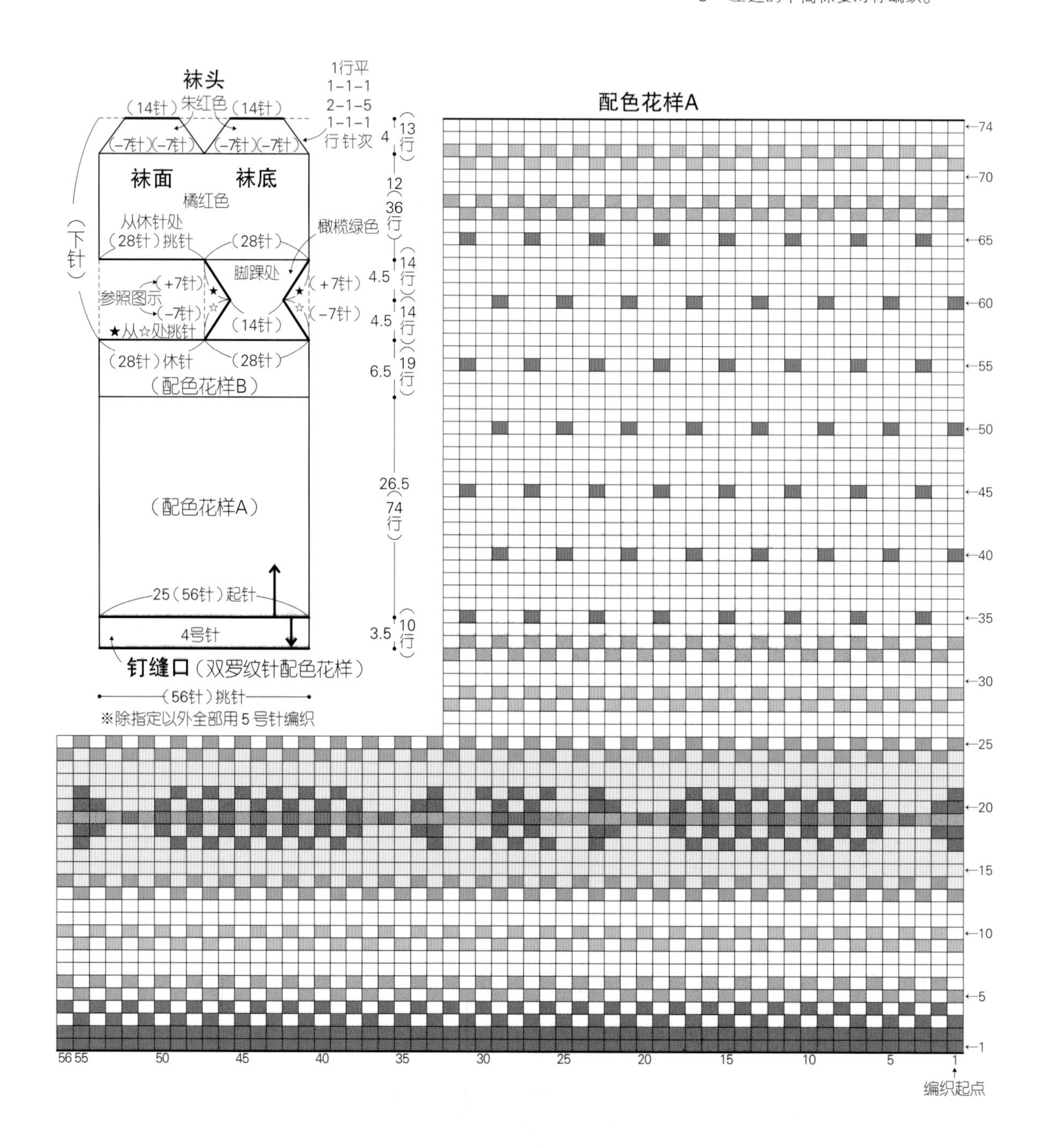

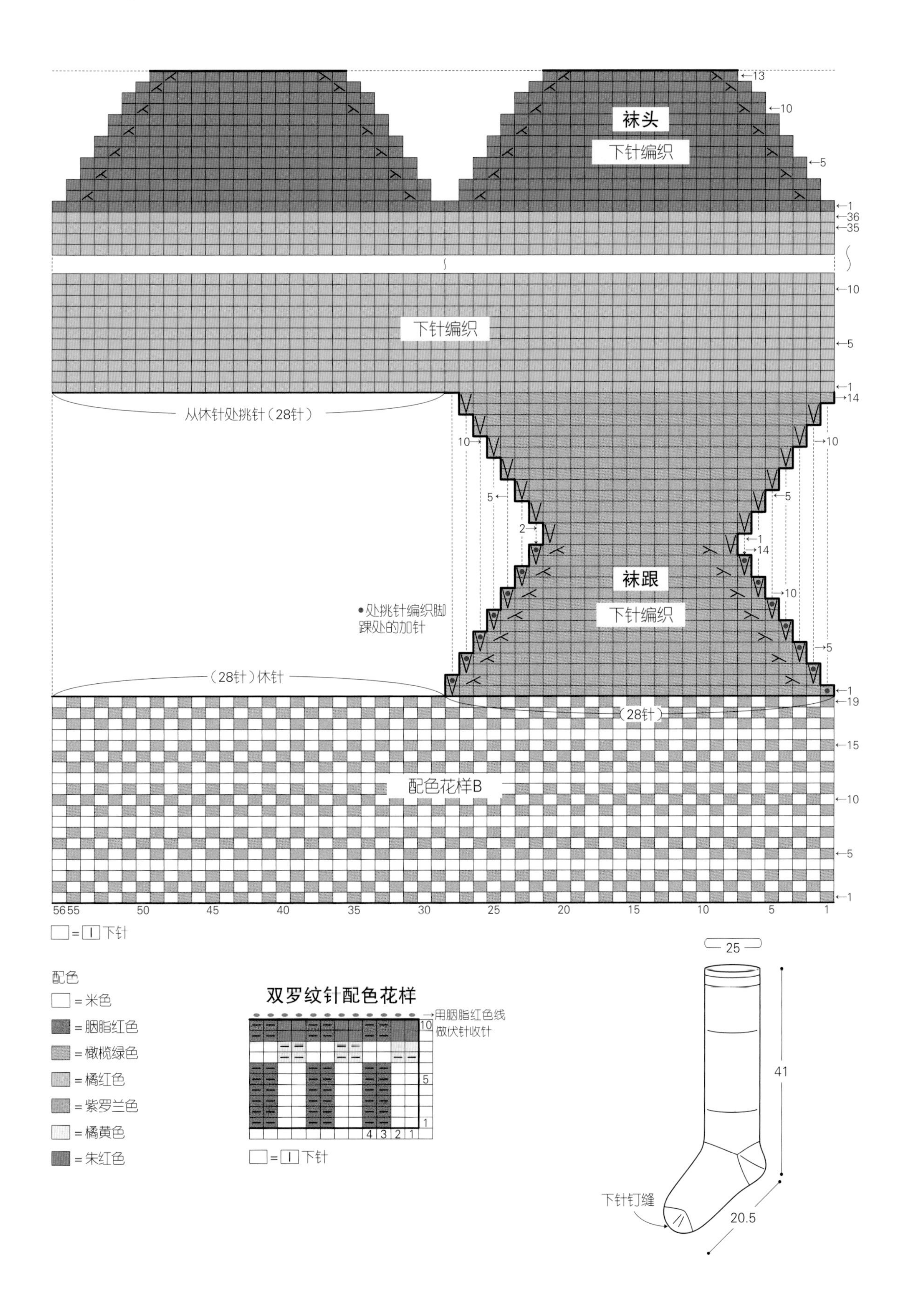

袜头
下针编织
下针编织
从休针处挑针（28针）
袜跟
下针编织
•处挑针编织脚踝处的加针
（28针）休针
（28针）
配色花样B
□=□下针
配色
□=米色
■=胭脂红色
■=橄榄绿色
■=橘红色
■=紫罗兰色
□=橘黄色
■=朱红色
双罗纹针配色花样
用胭脂红色线做伏针收针
□=□下针
25
41
20.5
下针钉缝

J / Cardigan P.20

●材料

线…和麻纳卡 SOFFTRAD 灰色（2）380g/8 团，深灰色（3）200g/4 团，灰白色（29）40g、摩卡茶色（6）30g/ 各 1 团

针…棒针 8 mm、13 号，钩针 8 /0 号

纽扣…直径 2.3cm(金属银色），8 颗；直径 1.1cm（扣环），8 颗

●密度

10cm × 10cm 面积内：配色花样、下针编织 10 针，13 行

●成品尺寸

胸围 100cm，衣长 64.5cm，连肩袖长 75cm

■编织要点

1　从下摆处用手指挂线起针编织身片，继续编织前、后身片。横向渡线编织配色花样。编织终点处休针。

2　袖子编织为环状。袖下的加针要参照图示进行。

3　从身片和袖子挑针，分散减针编织育克，衣领继续编织单罗纹针，但是第 1 行均匀减针。编织终点处，从反面做伏针收针。

4　对齐针与行之间的相同标记处，做下针钉缝。

5　参考图示，前门襟编织单罗纹针，编织终点处，从反面做伏针收针。

6　从前门襟和衣领部分挑针编织 1 行边缘编织。

7　在指定位置留出扣眼（参照 85 页），缝上纽扣与扣环。

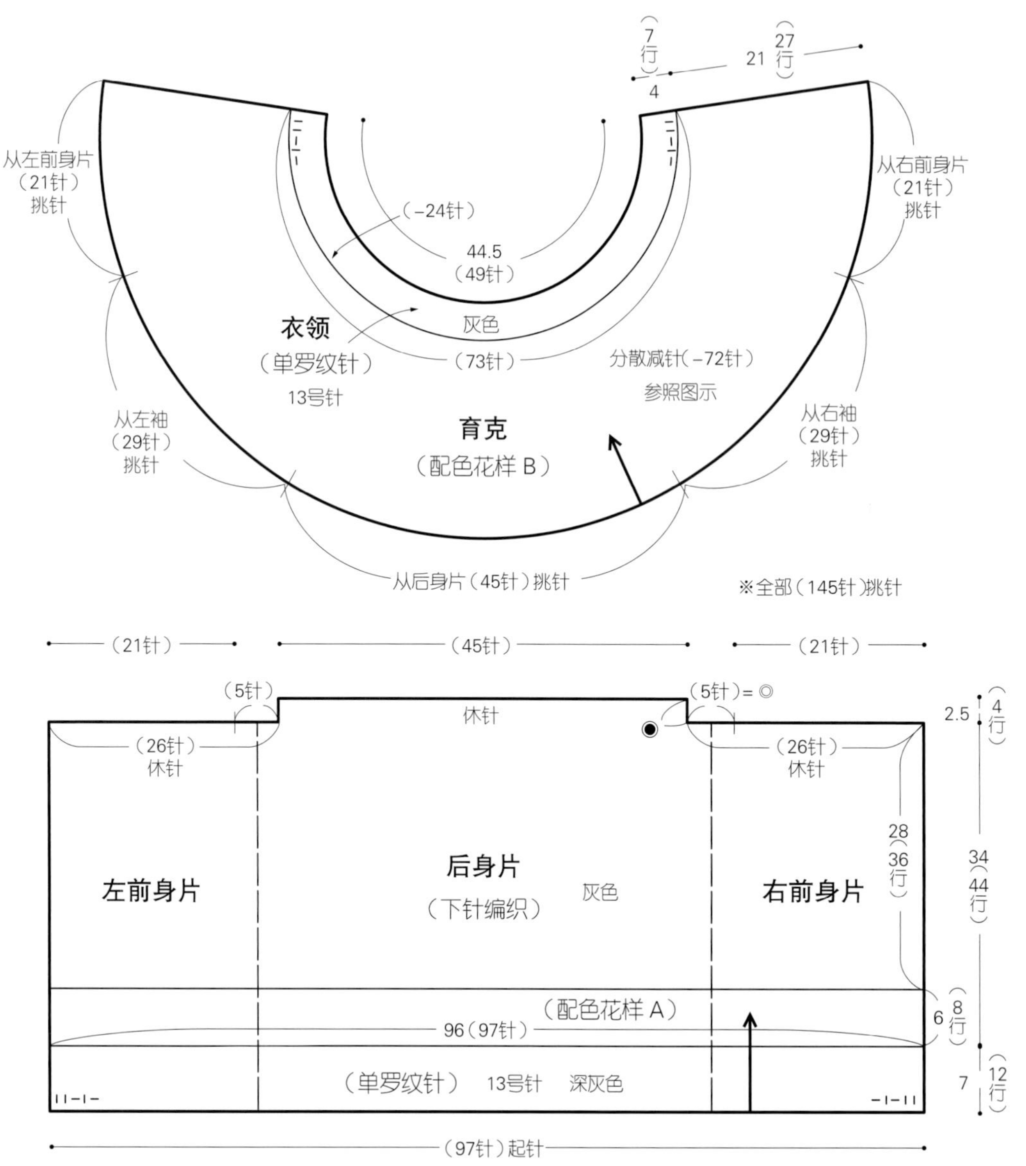

※除指定以外全部用 8 mm针编织

※◎处对齐下针钉缝，●处针与行对齐钉缝

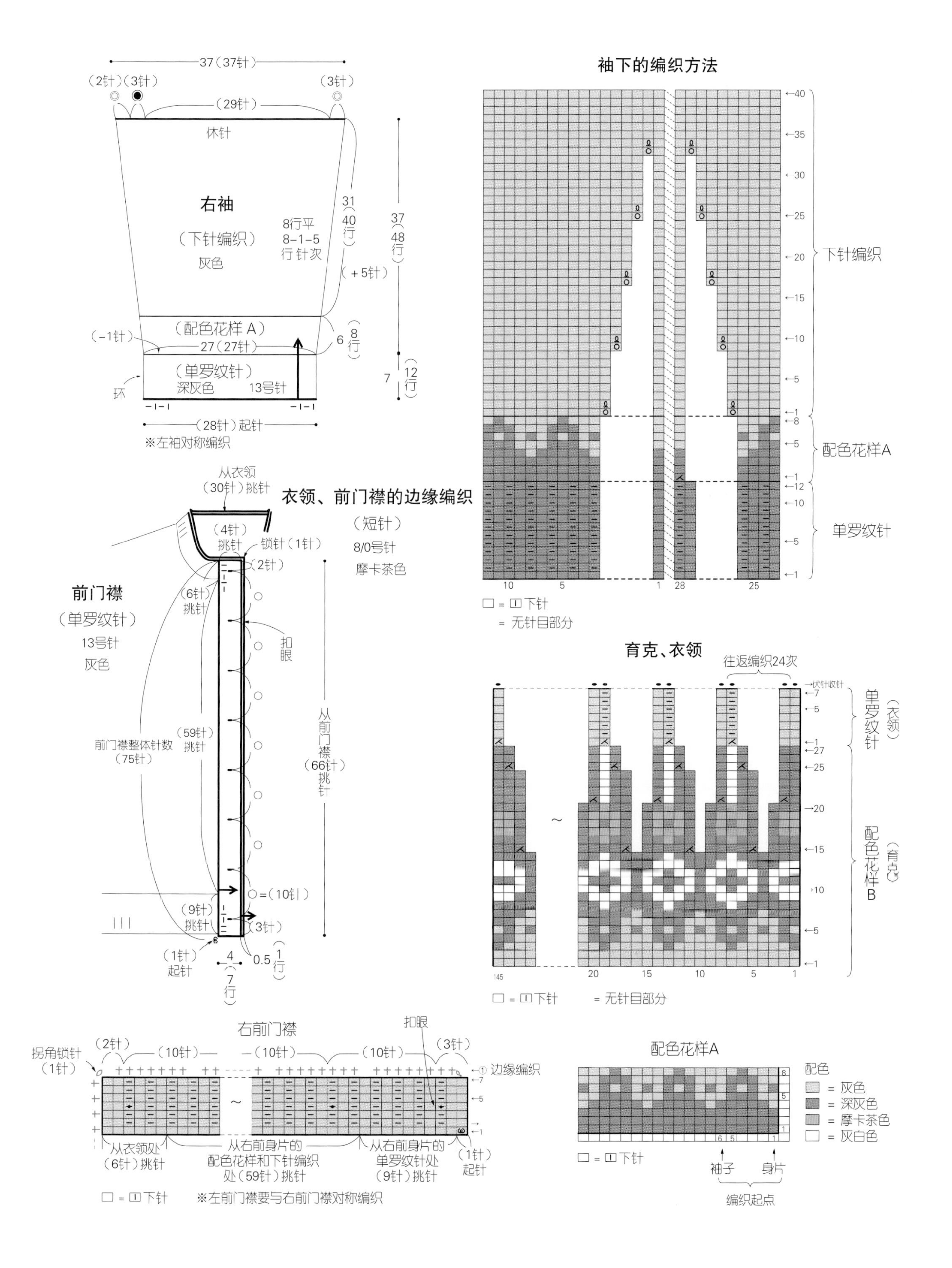

37（37针）
（2针）（3针）
（3针）
（29针）
休针
右袖
（下针编织）
灰色
8行平
8-1-5
行针次
31
40
行
37
48
行
（+5针）
（配色花样 A）
（-1针）
27（27针）
6
8
行
（单罗纹针）
深灰色
13号针
环
7
12
行
（28针）起针
※左袖对称编织
从衣领
（30针）挑针
衣领、前门襟的边缘编织
（短针）
8/0号针
摩卡茶色
（4针）
挑针
锁针（1针）
（2针）
前门襟
（单罗纹针）
13号针
灰色
（6针）
挑针
扣眼
（59针）
挑针
前门襟整体针数
（75针）
从前门襟
（66针）
挑针
○=（10针）
（9针）
挑针
（3针）
（1针）
起针
4
7
行
0.5
1
行
袖下的编织方法
40
35
30
25
20
15
10
5
1
下针编织
8
5
1
配色花样A
12
10
5
1
单罗纹针
10
5
1
28
25
□ = ▯下针
= 无针目部分
育克、衣领
往返编织24次
伏针收针
7
5
1
27
25
20
15
10
5
1
单罗纹针（衣领）
配色花样B（育克）
145
20
15
10
5
1
□ = ▯下针
= 无针目部分
右前门襟
扣眼
拐角锁针
（1针）
（2针）
（10针）
（10针）
（10针）
（3针）
①边缘编织
7
5
1
从衣领处
（6针）挑针
从右前身片的
配色花样和下针编织
处（59针）挑针
从右前身片的
单罗纹针处
（9针）挑针
（1针）
起针
□ = ▯下针
※左前门襟要与右前门襟对称编织
配色花样A
8
5
1
6
5
1
□ = ▯下针
袖子
身片
编织起点
配色
= 灰色
= 深灰色
= 摩卡茶色
= 灰白色

J / Cap P.20

●**材料**

线…和麻纳卡 SOFFTRAD　深灰色（3）30g、灰色（2）26g、摩卡茶色（6）24g、灰白色（29）12g/ 各 1 团

针…棒针 8 mm，钩针 8 /0 号

●**密度**

10cm×10cm 面积内：配色花样 10 针，13 行

●**成品尺寸**

帽围 58cm，帽深 20.5cm，耳罩长度 10.5cm

■**编织要点**

1　用手指从护耳部分起针开始编织。参考图示，在两端编织 13 行卷加针（参照 85 页），编织相同的 2 片，编织终点处休针。

2　用手指挂线起 9 针编织主体，继续从护耳部分挑针，编织 19 针卷加针，从一边的护耳部分挑针，继续编织 10 针卷加针，编织为环状。配色花样用横向渡线分散减针的方法编织，毛线穿过最终行的针目后收紧。

3　四周编织 1 行边缘编织。

4　制作毛球，缝合在帽子顶部。

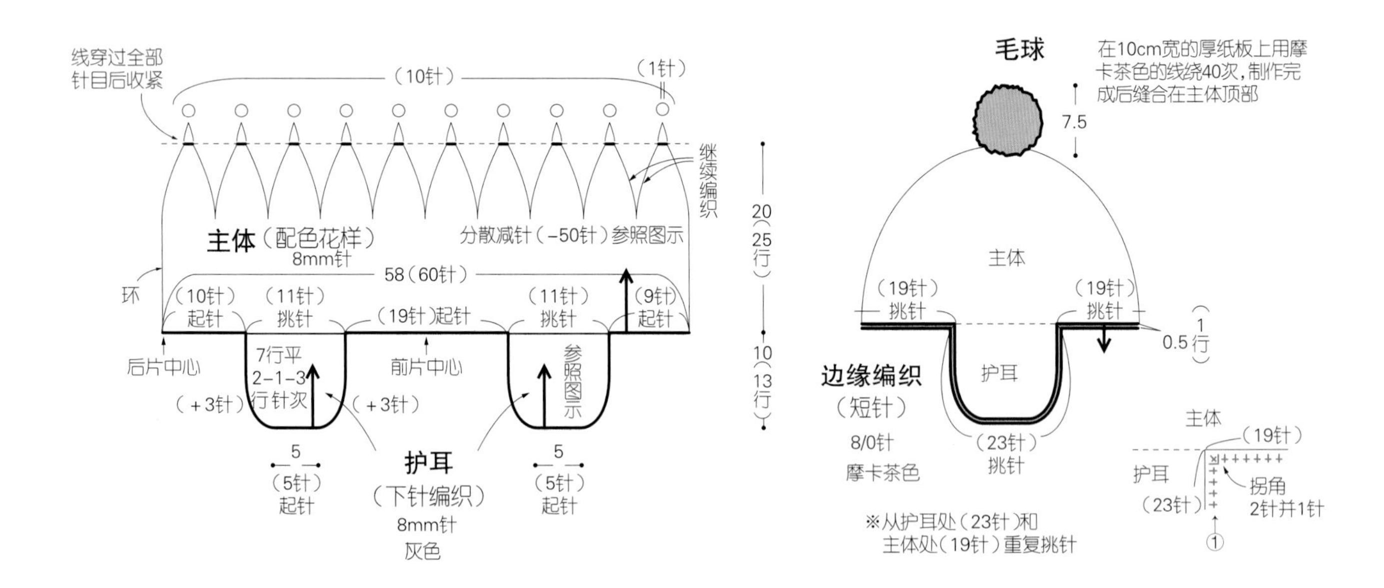

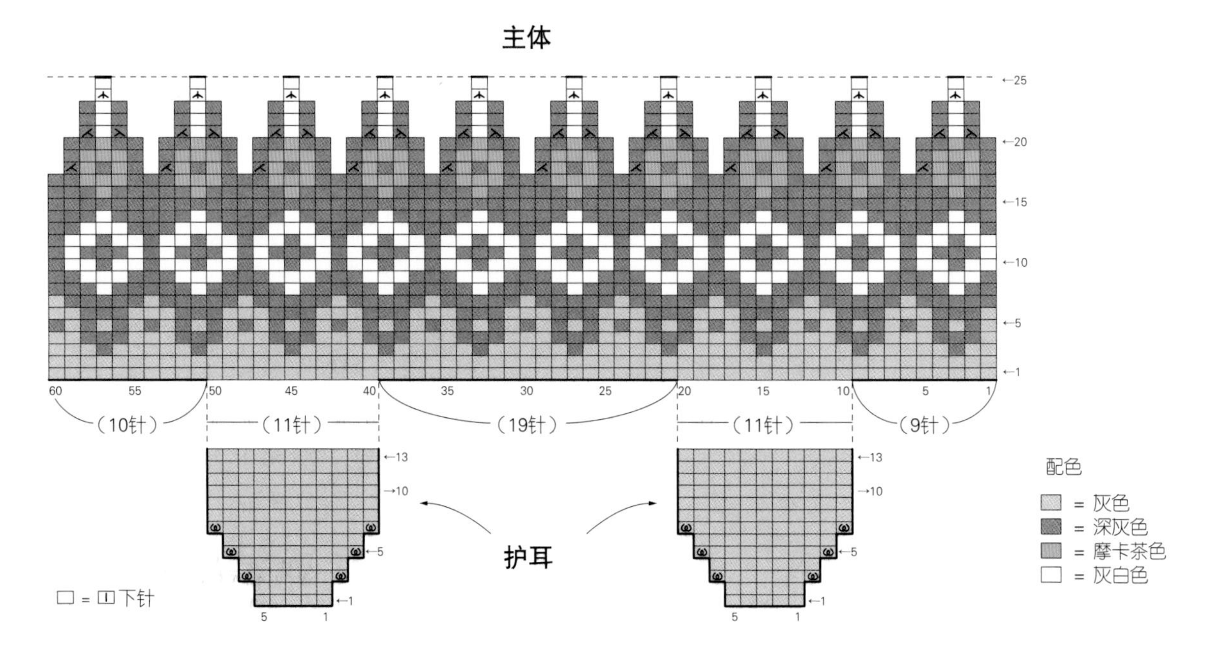

B / Beret P.5

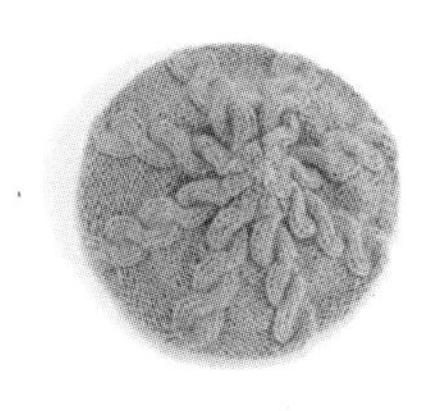

●材料

线…和麻纳卡 ALPACA (fine)　驼色（2）62g/3团

针…棒针 8 号

●密度

10cm×10cm 面积内：编织花样 15.5 针，27 行

●成品尺寸

帽围 52cm，帽深 21.5cm

■编织要点

毛线必须 2 股并在一起编织。

1　从连接处挑起另线锁针的里山起针，编织花样要环形编织。参考图示，分散加减针，毛线穿过最后一行的针目后收紧。

2　拆开另线锁针的起针，挑针编织帽口的起伏针。编织终点处，一边编织上针一边缓慢地做伏针收针。

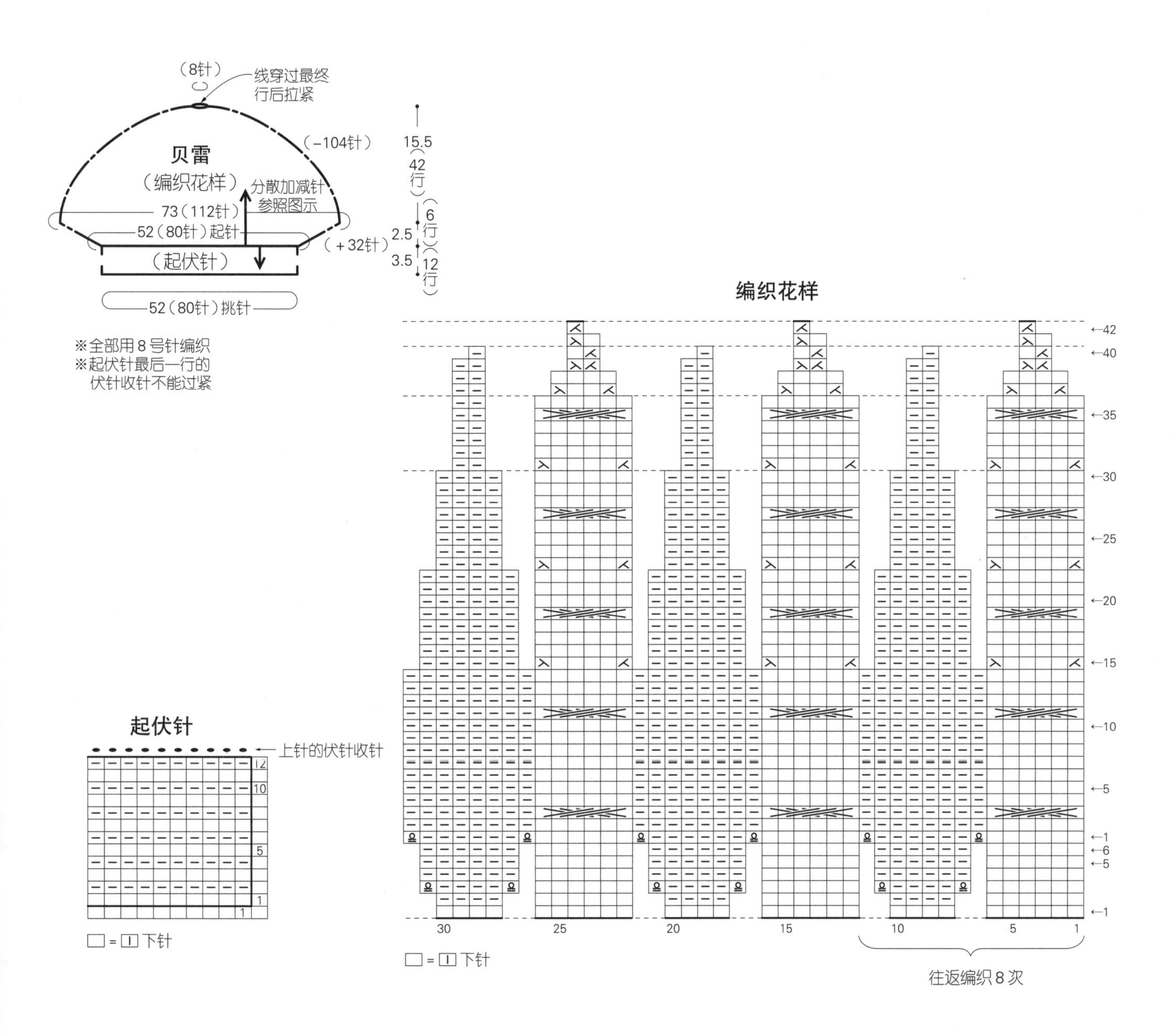

B / Cardigan P.5

●材料

线… 和麻纳卡 ALPACA (fine)　驼色（2）735g/30 团

针…棒针 8 号

纽扣…大：直径为 2cm 的驼色纽扣，7 颗

　　　小：直径为 1.8cm 的驼色纽扣，2 颗

●密度

10cm×10cm 面积内：编织花样 22.5 针，24 行；下针编织 16 针，22 行

●成品尺寸

胸围 96cm，衣长 61.5cm，连肩袖长 75cm

■编织要点

毛线必须 2 股并在一起编织。

1　后身片从下摆处编织单罗纹针起针。插肩线减针时，2 针以上时做伏针减针，1 针时立起侧边 3 针减针。

2　前身片与后身片一样编织，在编织到袋口的针目时休针，在编织右前门襟的同时开扣眼。前领窝处减针时，立起侧边 1 针减针。

3　袖与身片一样编织，袖下在侧边 1 针内侧编织扭加针。

4　胁、插肩线和袖下挑针接缝，插肩线要调整行数。相同标记处对齐下针钉缝。

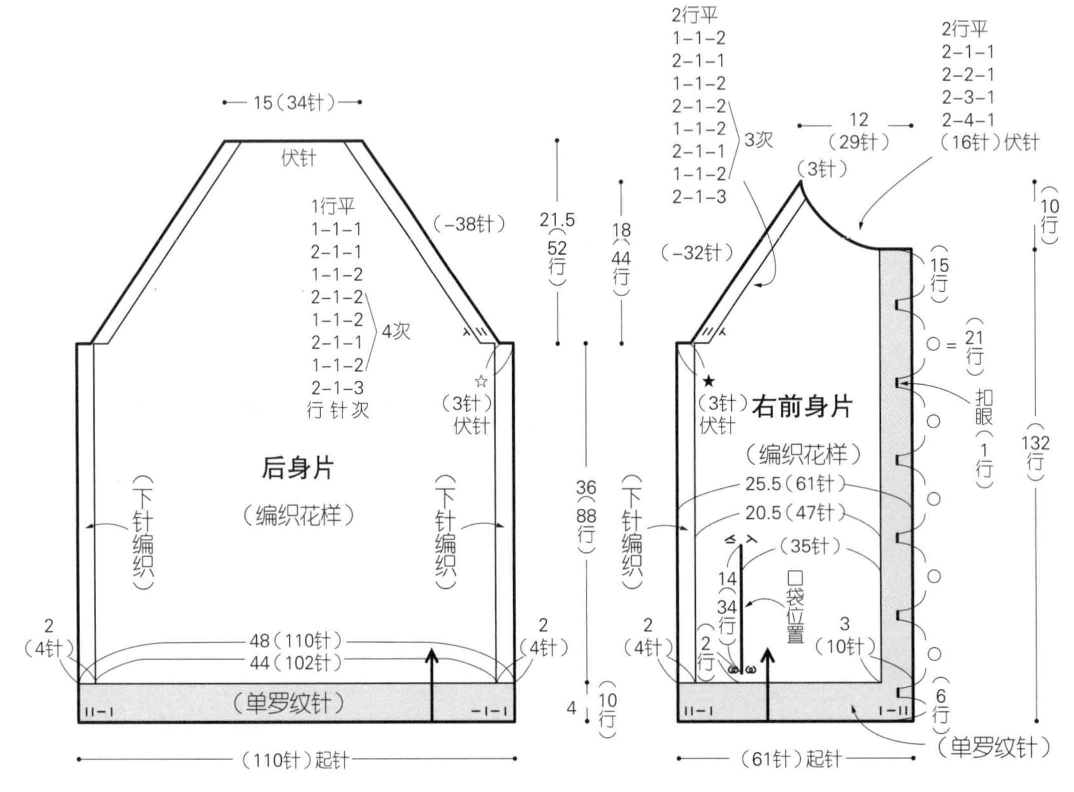

立领
（单罗纹针）

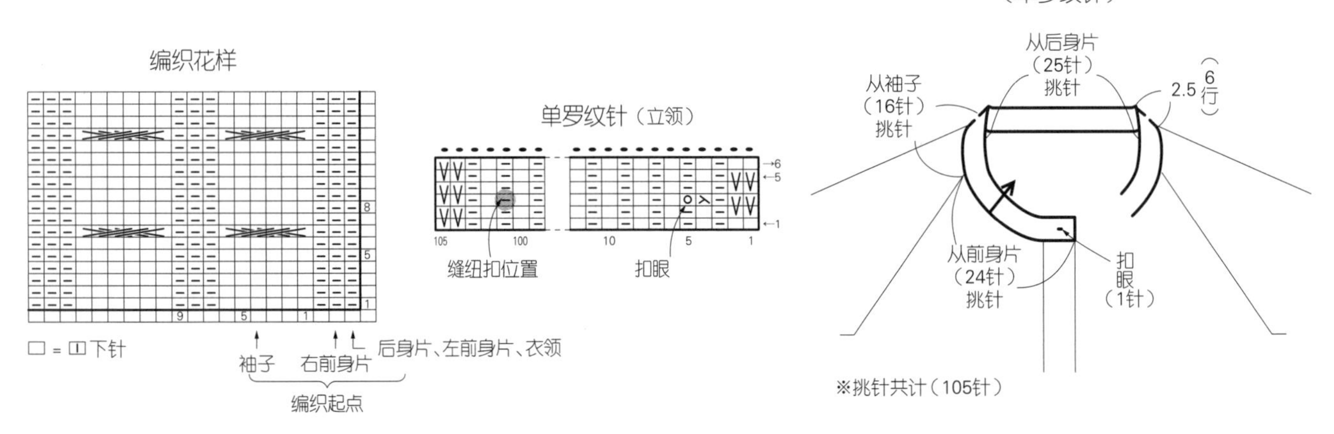

5　编织袋口与口袋内层，袋口两端挑针接缝，口袋内层以卷针缝缝合在身片上。

6　从身片和袖子处挑针编织立领，编织终点处做伏针收针。领子编织单罗纹针起针，编织终点处做伏针收针。参考图示，立领处对齐做卷针缝缝合。

7　在左前门襟缝上纽扣（大），在立领上缝上纽扣（小）。编织装饰带并缝上纽扣。

衣领的组合方法

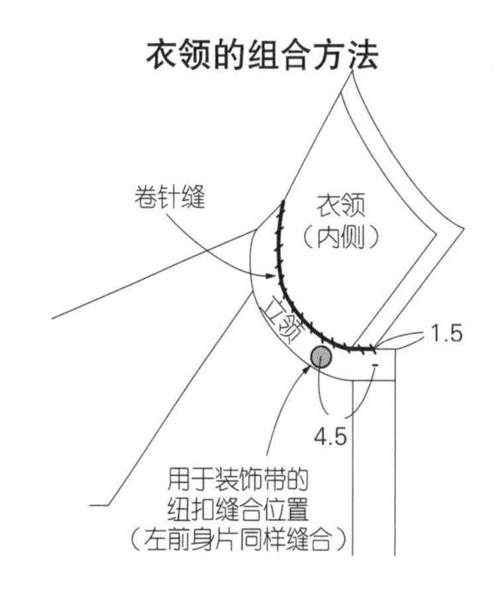

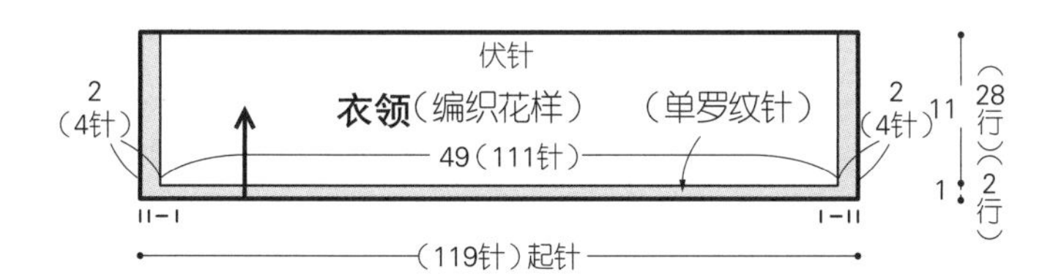

扣眼与口袋位置的编织方法（右前身片）

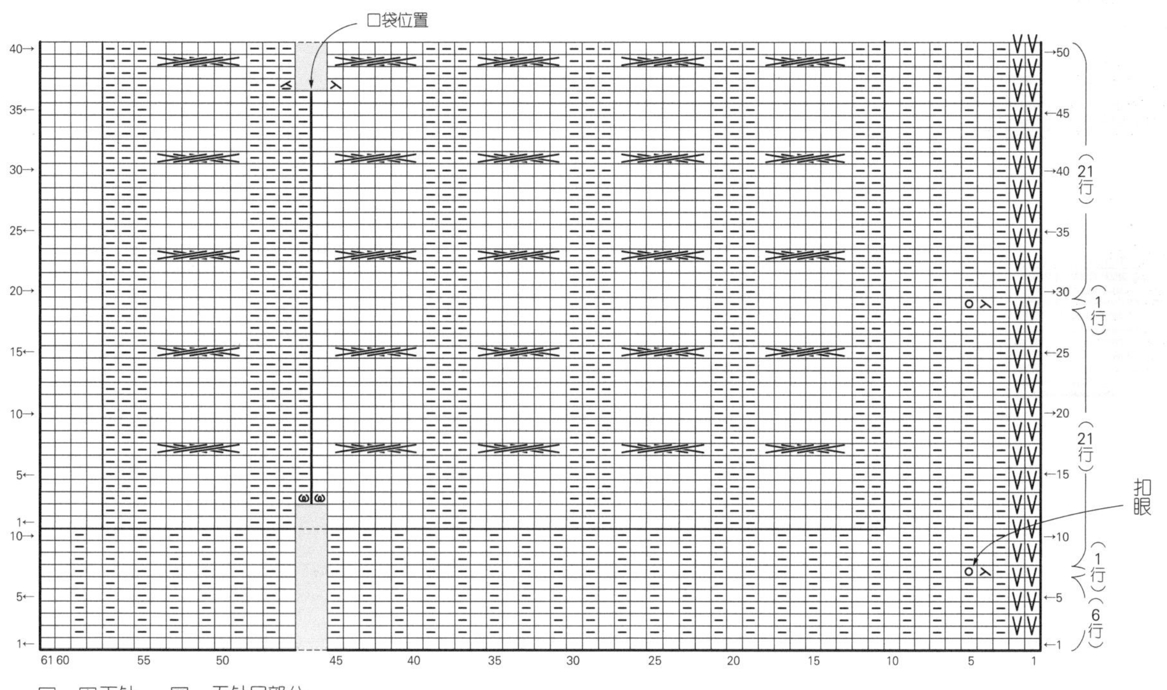

□ = ⊟下针　▒ = 无针目部分

纽扣缝合位置与口袋的编织方法（左前身片）

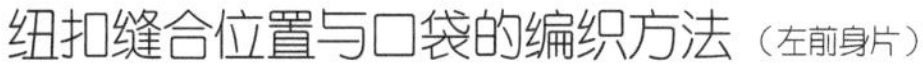

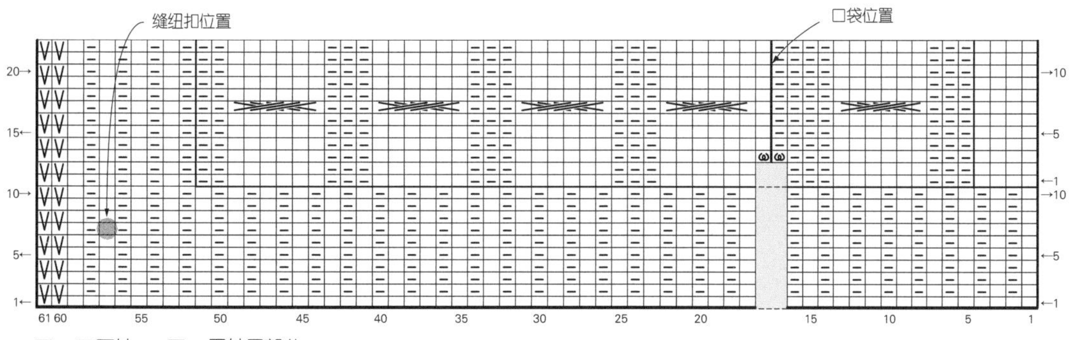

□ = ⊟下针　▒ = 无针目部分

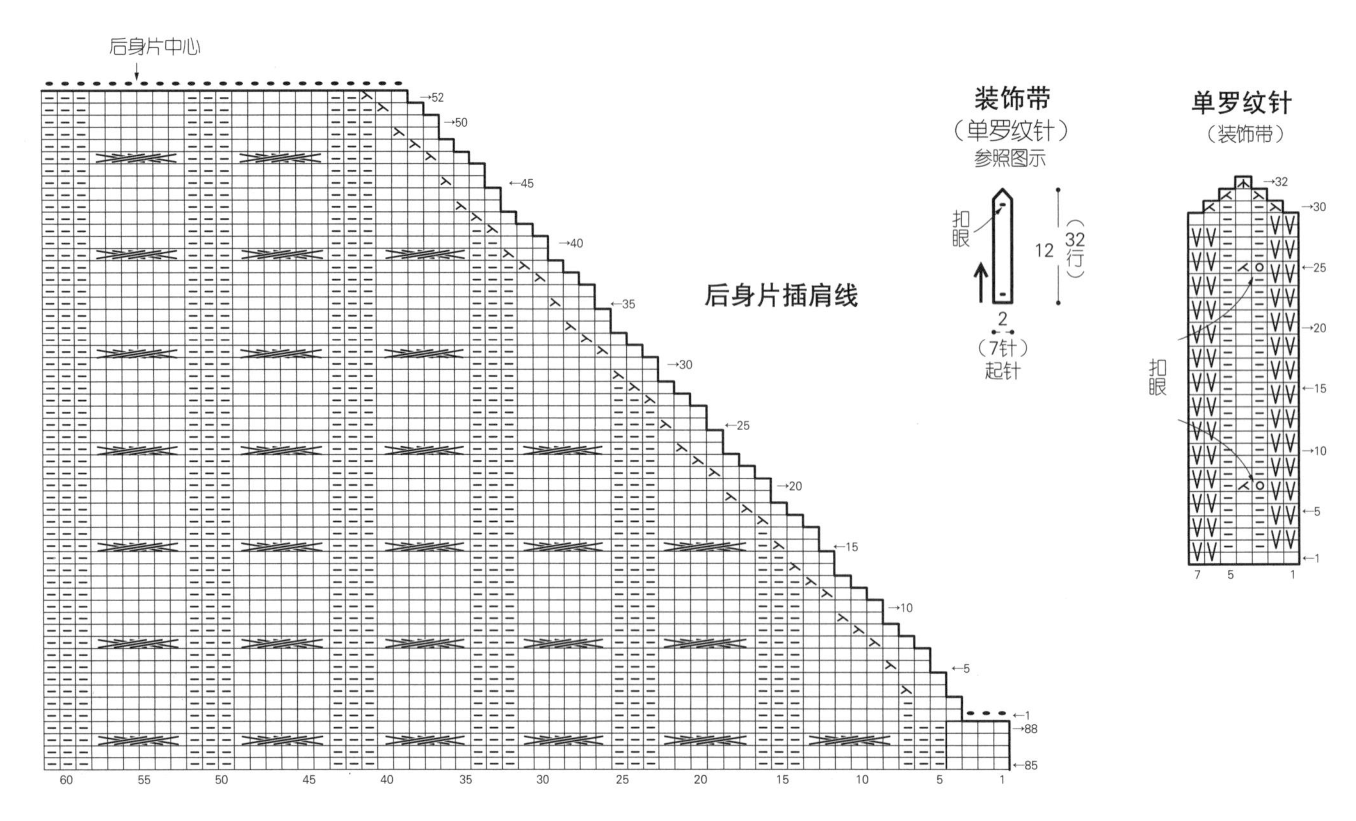
后身片中心
后身片插肩线
装饰带
（单罗纹针）
参照图示
扣眼
12
（32行）
2
（7针）
起针
单罗纹针
（装饰带）
扣眼

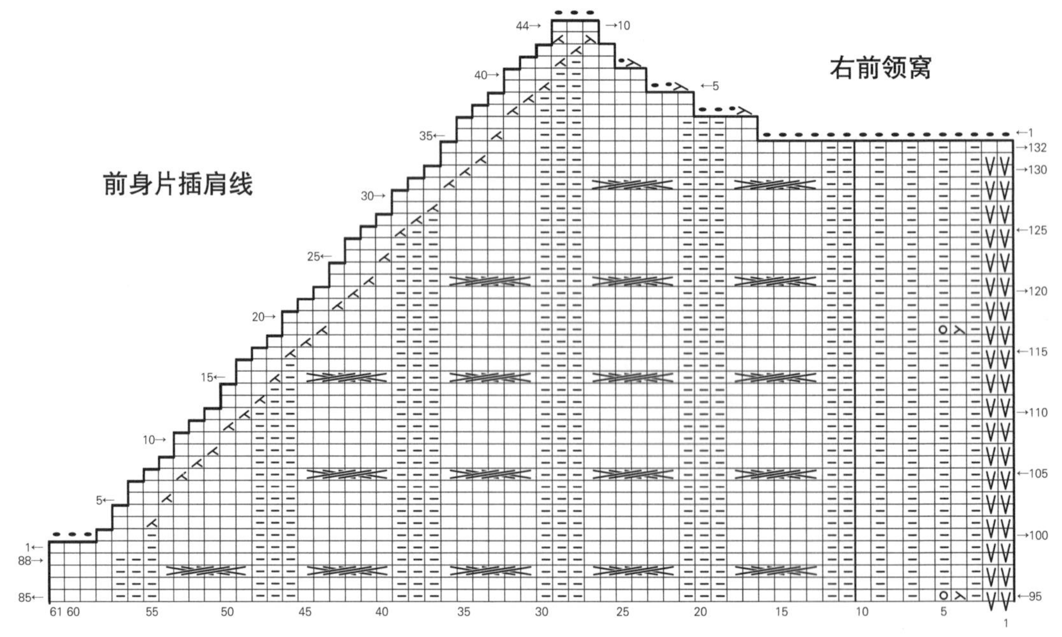
右前领窝
前身片插肩线

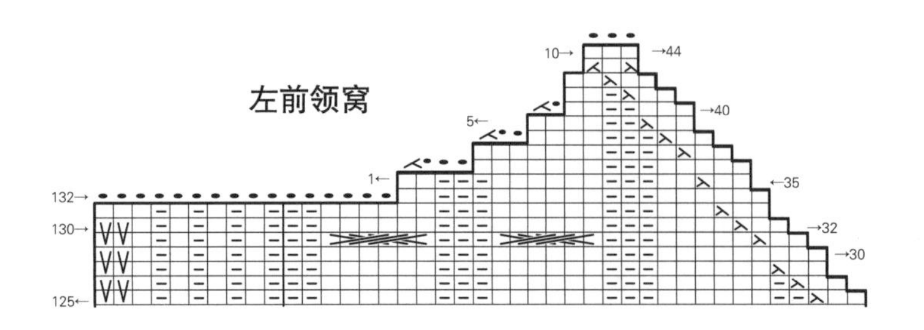
左前领窝

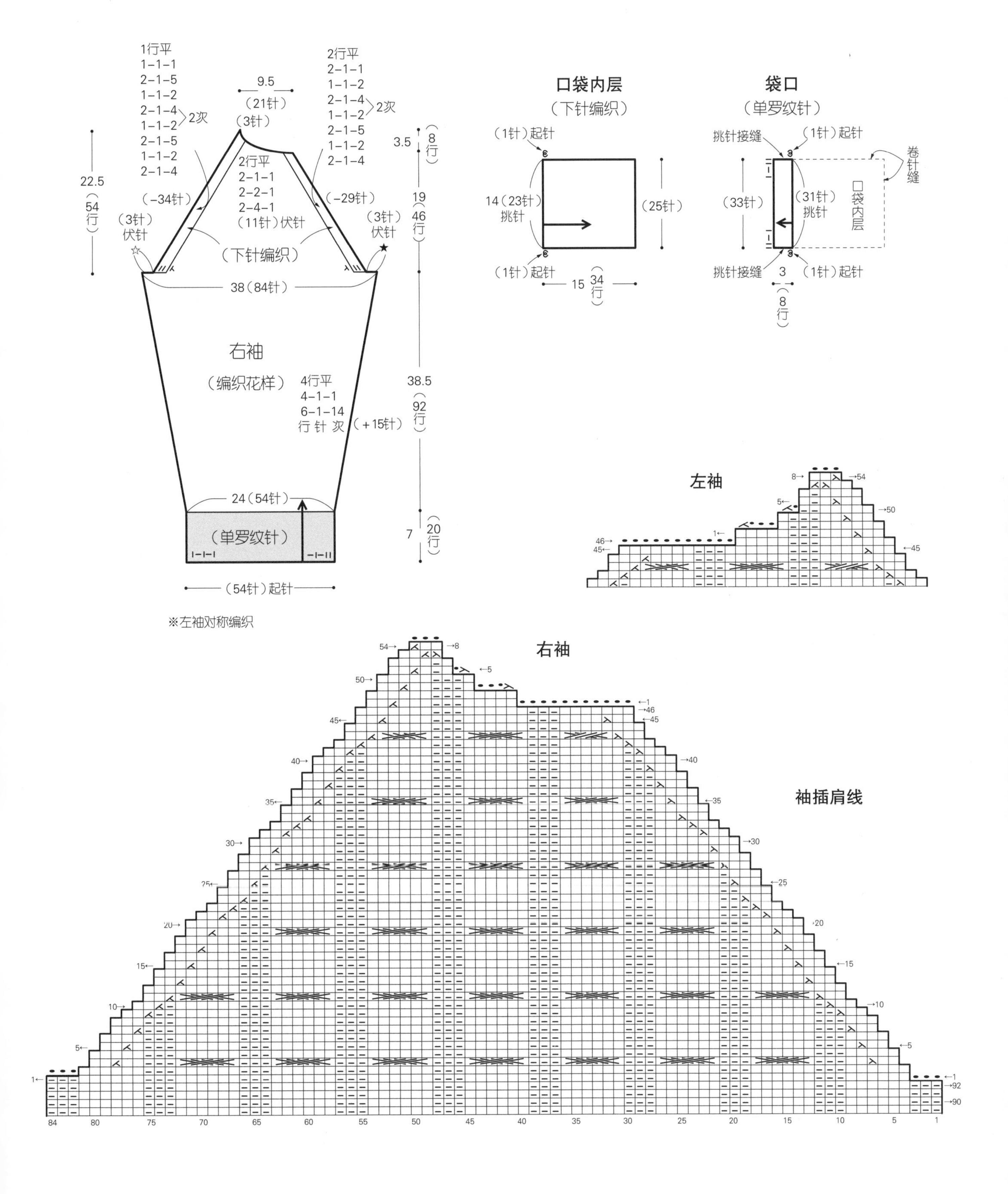
1行平
1-1-1
2-1-5
1-1-2
2-1-4
1-1-2
2-1-5
1-1-2
2-1-4
2次
9.5
(21针)
(3针)
2行平
2-1-1
1-1-2
2-1-4
1-1-2
2-1-5
1-1-2
2-1-4
2次
3.5
(8行)
22.5
(54行)
(-34针)
2行平
2-1-1
2-2-1
2-4-1
(11针)伏针
(-29针)
19
(46行)
(3针)
伏针
(3针)
伏针
(下针编织)
38(84针)
右袖
(编织花样)
4行平
4-1-1
6-1-14
行 针 次
(+15针)
38.5
(92行)
24(54针)
(单罗纹针)
7
(20行)
(54针)起针
※左袖对称编织
口袋内层
(下针编织)
(1针)起针
14(23针)
挑针
(25针)
(1针)起针
15
34行
袋口
(单罗纹针)
挑针接缝
(1针)起针
卷针缝
(33针)
(31针)
挑针
口袋内层
挑针接缝
3
(1针)起针
(8行)
左袖
右袖
袖插肩线

A / Sweater P.4

●材料

线…和麻纳卡 CASHMERE MERINO 灰色（1）

520g/13 团

针…棒针 8 号

●密度

10cm×10cm 面积内：编织花样 C 20 针，25 行；

桂花针 17 针，25 行

●成品尺寸

胸围 106cm，衣长 67cm，连肩袖长 82cm

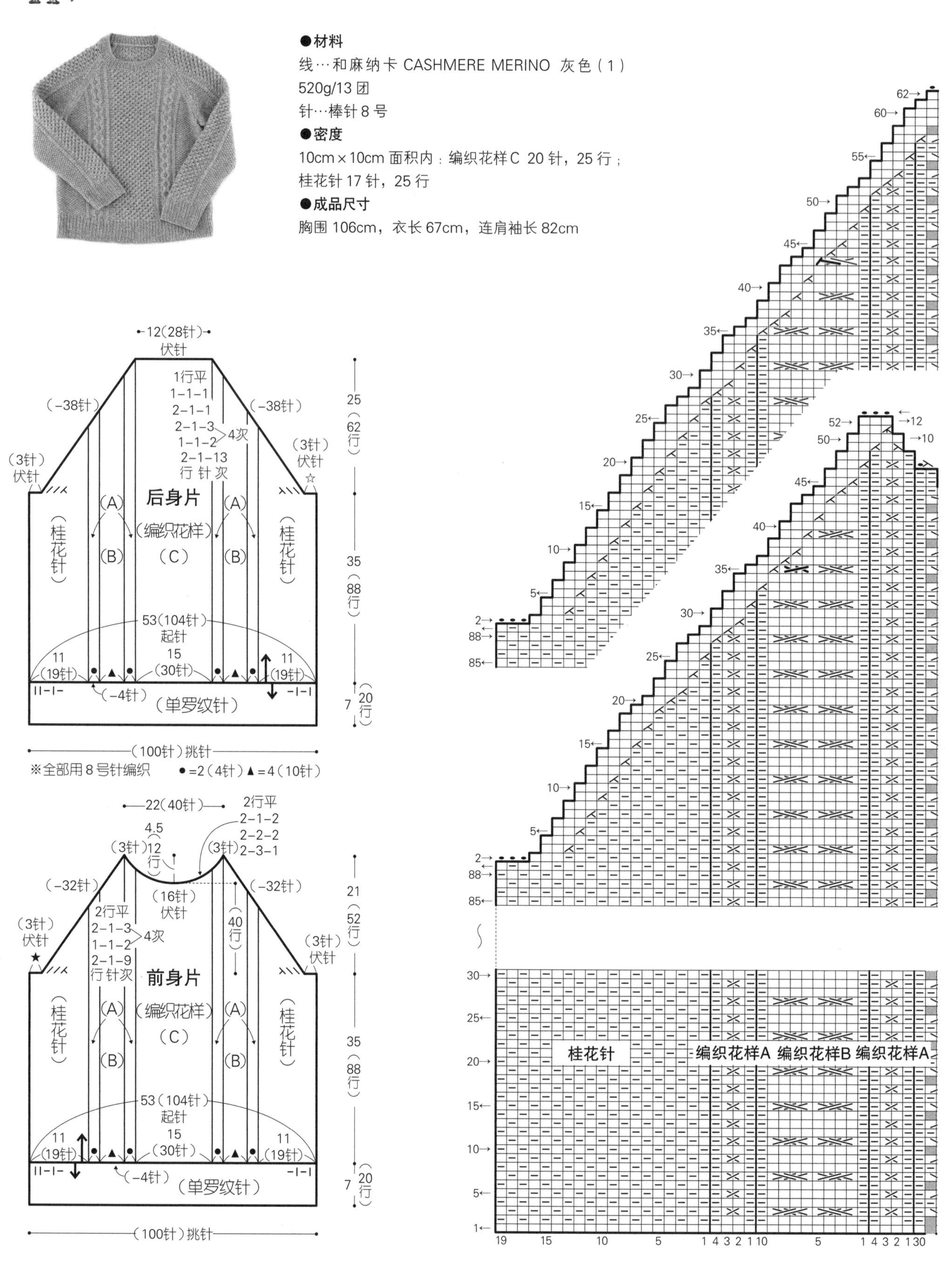

■编织要点

1　身片从下摆的连接处挑起另线锁针的里山起针编织，按照图示编织桂花针与编织花样。插肩线减针时，2针以上时做伏针减针，1针时立起侧边3针减针。前领窝减针时要立起侧边1针减针。编织终点处做伏针收针。

2　袖与身片一样编织，袖下在侧边1针内侧编织扭加针。

3　拆开另线锁针的起针编织下摆与袖口，编织终点处编织单罗纹针收针。

4　胁、袖下、插肩线处挑针接缝，相同标记处对齐，下针钉缝。

5　从身片和袖挑针环形编织衣领，编织终点处编织单罗纹针收针。

※ 编织花样C的编织方法见38页

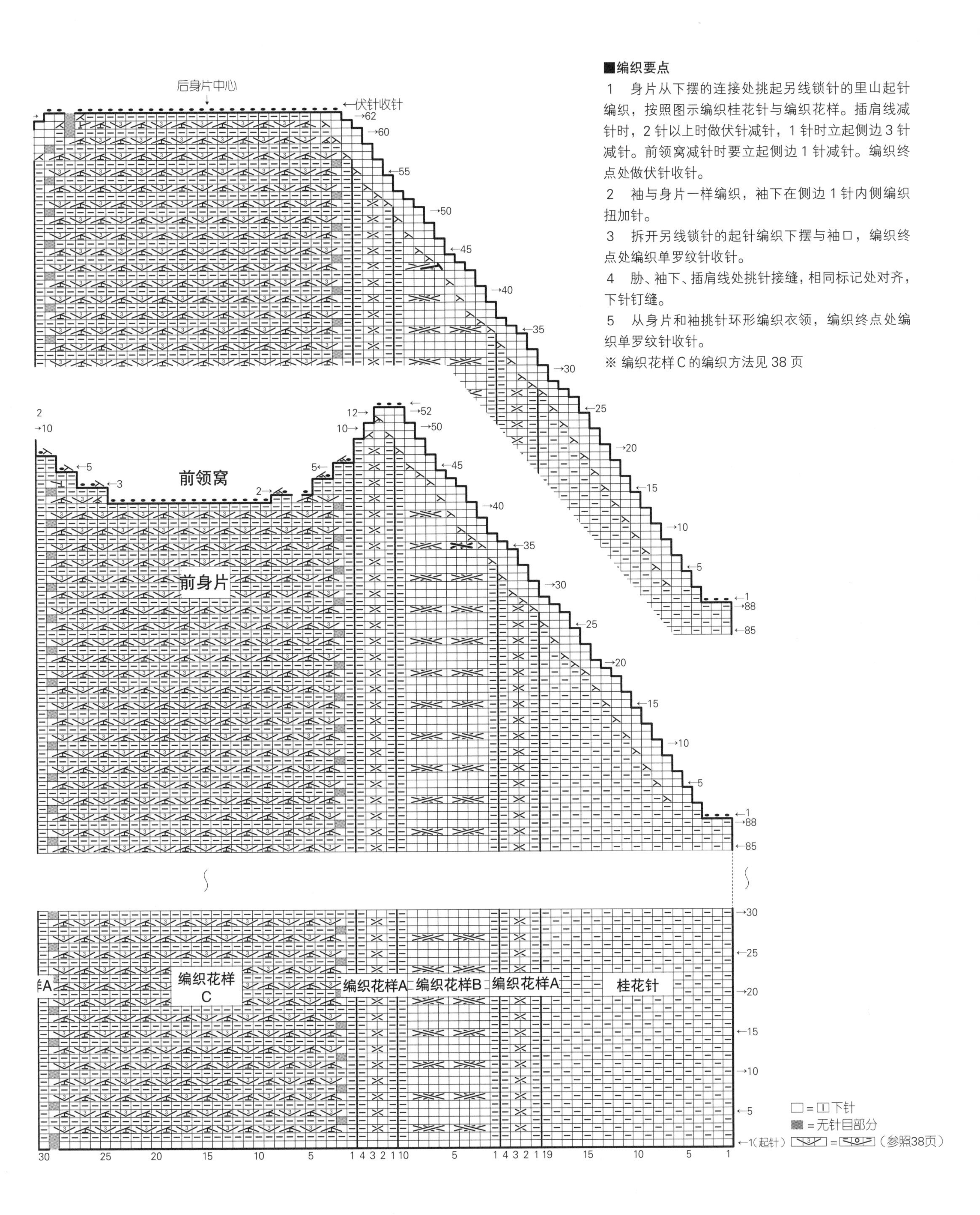

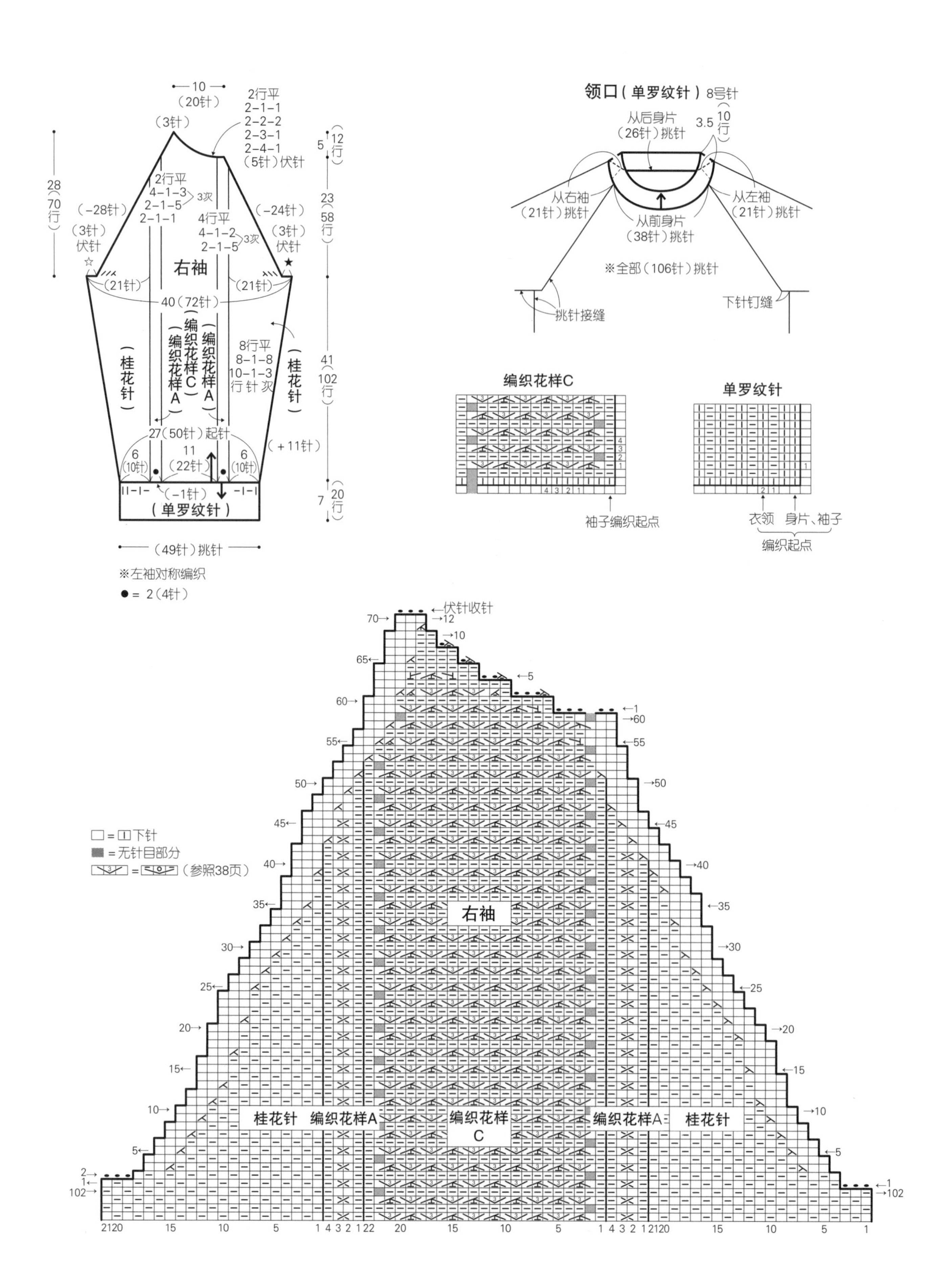
10
(20针)
(3针)
2行平
2-1-1
2-2-2
2-3-1
2-4-1
(5针)伏针
28
(70行)
5
(12行)
2行平
4-1-3
2-1-5
2-1-1
3次
(-28针)
(-24针)
4行平
4-1-2
2-1-5
3次
(3针)伏针
(3针)伏针
23
(58行)
右袖
(21针)
(21针)
40(72针)
桂花针
编织花样A
编织花样C
编织花样A
8行平
8-1-8
10-1-3
行针次
桂花针
41
(102行)
27(50针)起针
6
(10针)
11
(22针)
6
(10针)
(+11针)
(-1针)
(单罗纹针)
7
(20行)
(49针)挑针
※左袖对称编织
● = 2(4针)
领口(单罗纹针)8号针
从后身片
(26针)挑针
3.5
(10行)
从右袖
(21针)挑针
从左袖
(21针)挑针
从前身片
(38针)挑针
※全部(106针)挑针
挑针接缝
下针钉缝
编织花样C
袖子编织起点
单罗纹针
衣领
身片、袖子
编织起点
伏针收针
□ = ⊟下针
■ = 无针目部分
(参照38页)
右袖
桂花针
编织花样A
编织花样C
编织花样A
桂花针

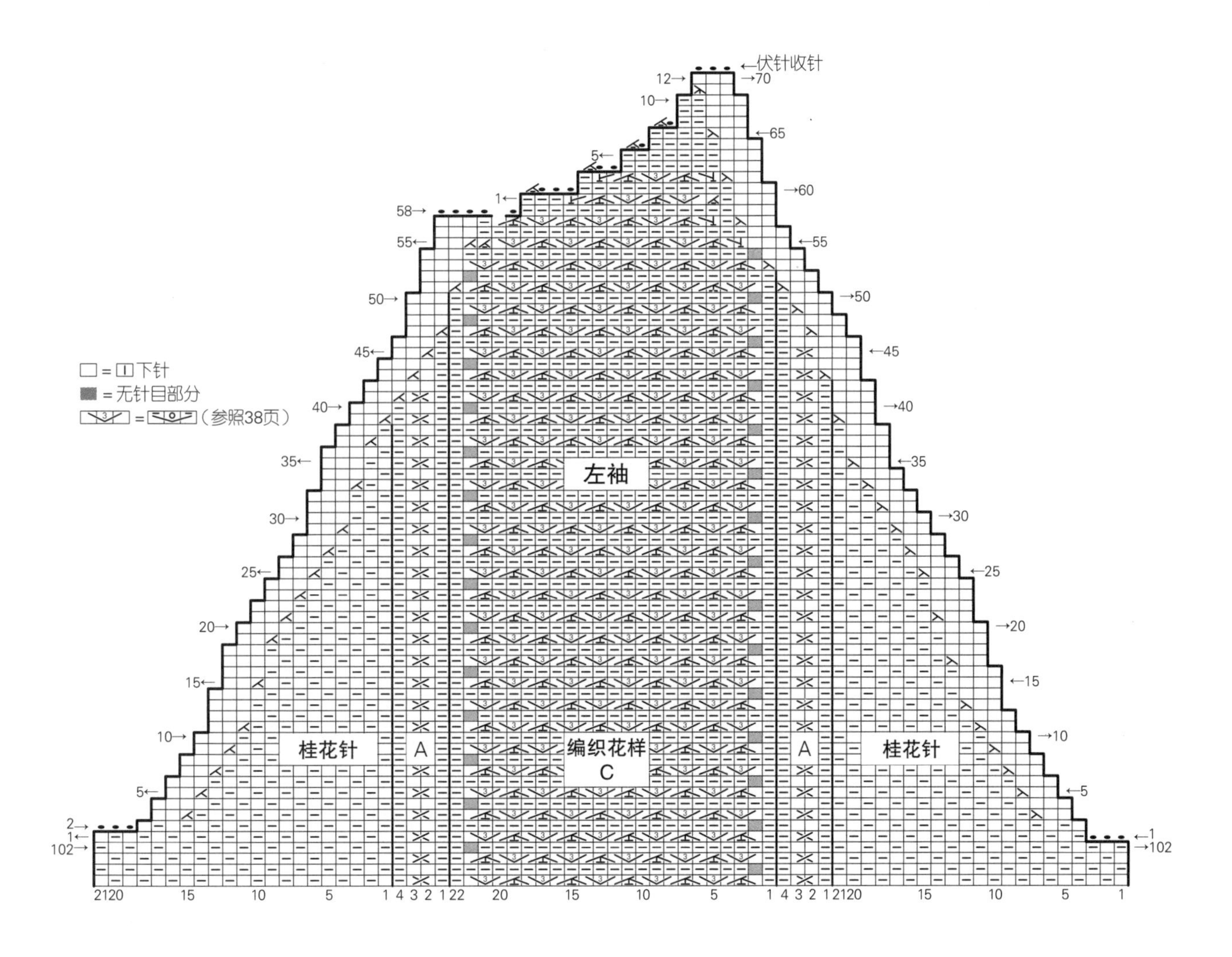

左上1针交叉

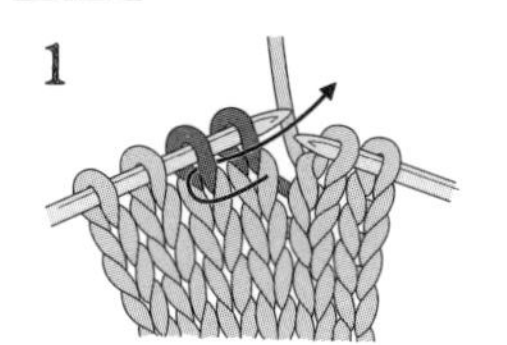

如箭头所示，右棒针从左边的针目前面入针。

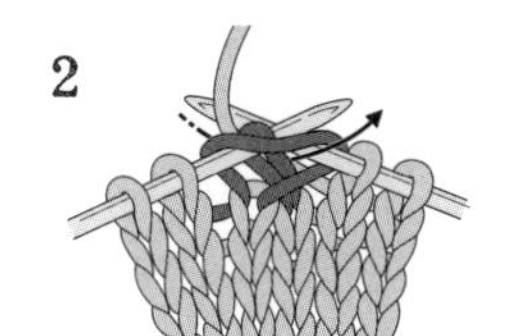

将线挂在右棒针上，如箭头所示拉出来，编织下针。

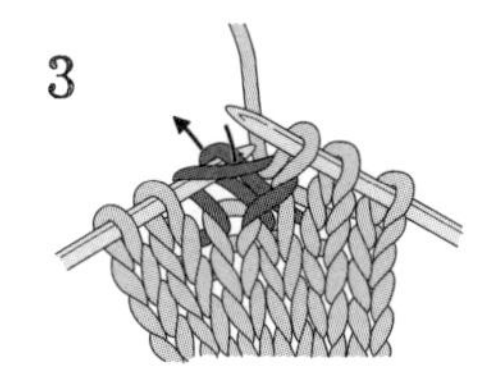

编织好的针目保持不变，右针如箭头所示入针。

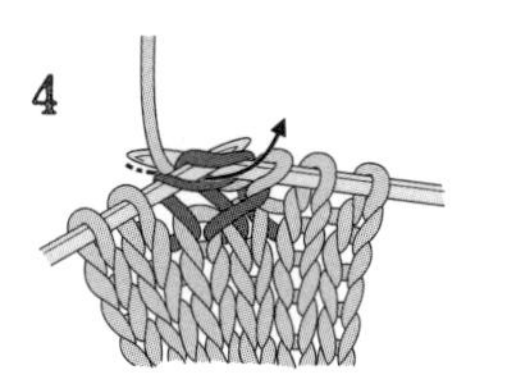

将线挂在针上，编织下针。

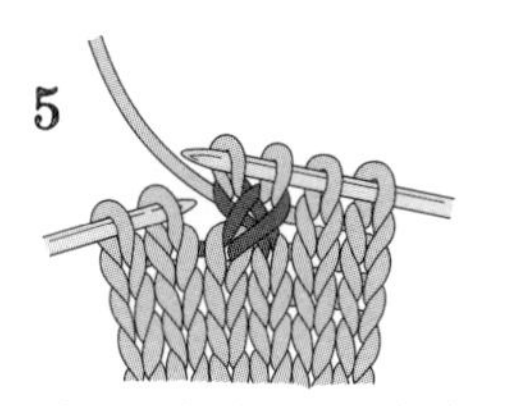

编织好的2针，左上1针交叉完成。

右上2针并1针

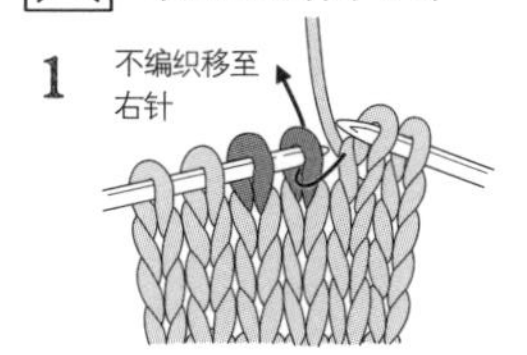

从前面入针，将左棒针右侧的针目不编织移动到右棒针。

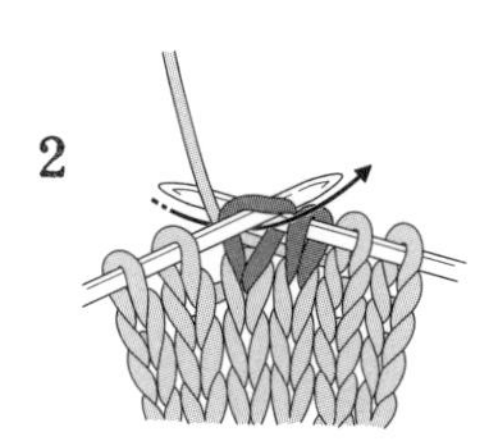

右棒针在左棒针左侧的针目中入针，将线挂在右棒针上，编织下针。

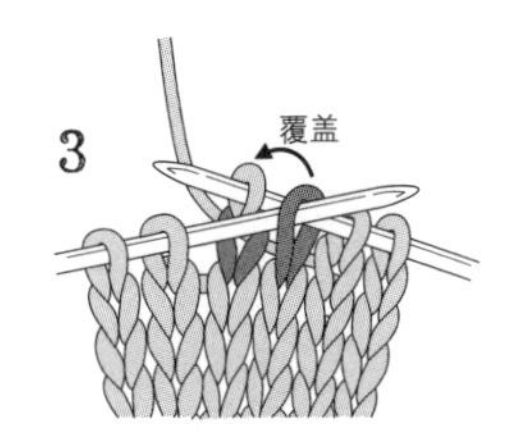

左棒针在移动到右棒针上的针目中入针，覆盖到步骤2中编织好的针目上。

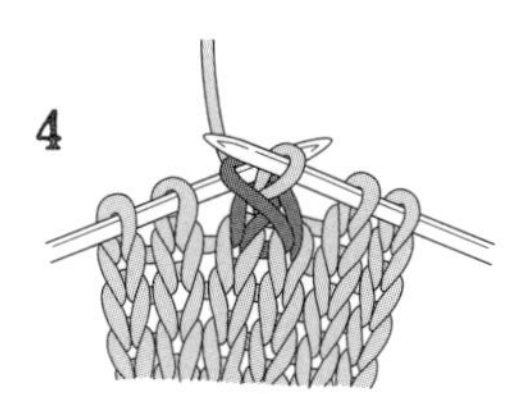

覆盖后，拉出左针。

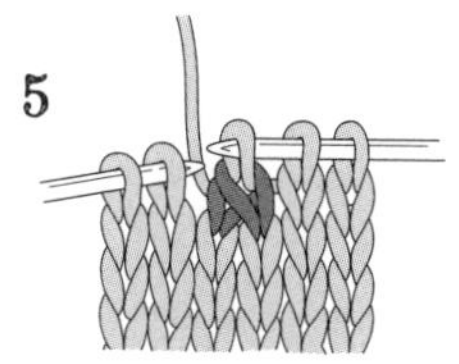

右上2针并1针编织完成。

C / Muffler P.6

●**材料**

线…和麻纳卡 CASHMERE MERINO 灰色（1）、靛蓝色（23）各 220g/ 各 6 团

针…棒针 8 号

●**密度**

10cm × 10cm 面积内：编织花样 B 21 针，25 行；桂花针 16.5 针，25 行

●**成品尺寸**

宽 26cm，长 180cm

■**编织要点**

1　从连接处挑起另线锁针的里山起针，开始编织。编织桂花针与编织花样 A、B。继续编织单罗纹针，编织终点处，做单罗纹针收针。

2　拆开另线锁针的起针挑针，编织单罗纹针，编织终点处，做单罗纹针收针。

※ 编织花样 B 的编织要点参照 38 页

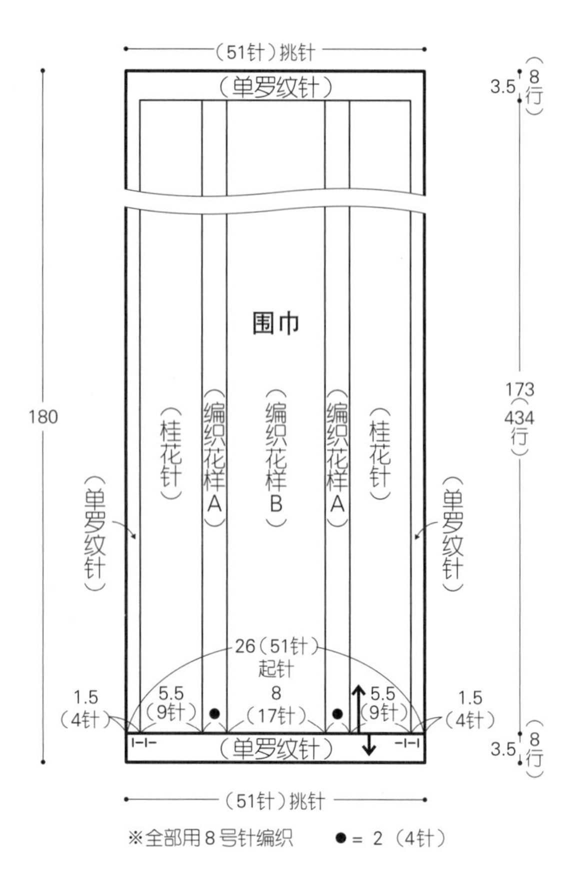

※全部用 8 号针编织　● = 2（4针）

围巾的编织图

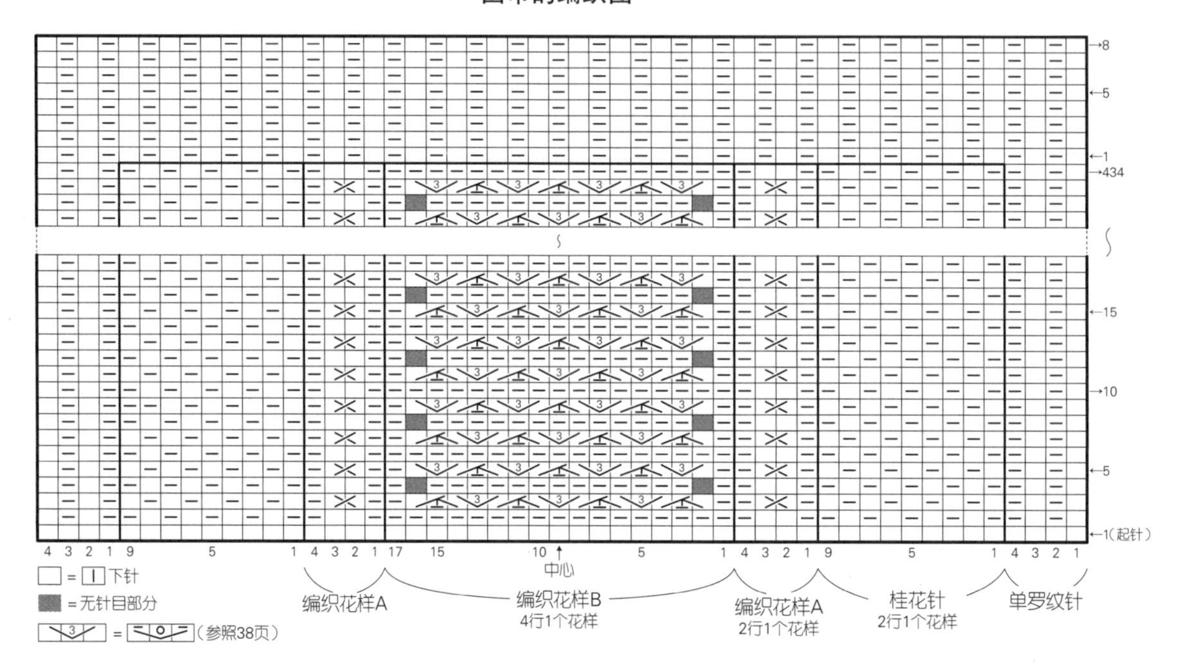

D / Muffler P.9

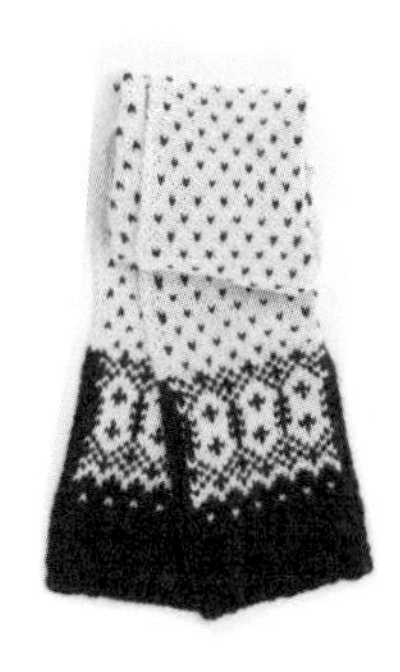

●材料

线…和麻纳卡 ALPACA (fine)　象牙色（1）150g/ 6 团，深蓝色（10）50g/2 团

针…棒针 7 号

●密度

10cm×10cm面积内：配色花样 A、B 18针，22行

●成品尺寸

宽 18cm，长 173cm

■编织要点

毛线必须 2 股并在一起编织。

1　从连接处挑起另线锁针的里山起针，按照指定的配色编织。两端的针目全部编织滑针，横向渡线做编织花样 A、B。配色花样 A' 与配色花样 A 上下对称编织。

2　继续编织双罗纹针，第 1 行加 1 针。编织终点处，做双罗纹针收针。

3　拆开另线锁针的起针针目，移到棒针上，与步骤 2 一样编织。

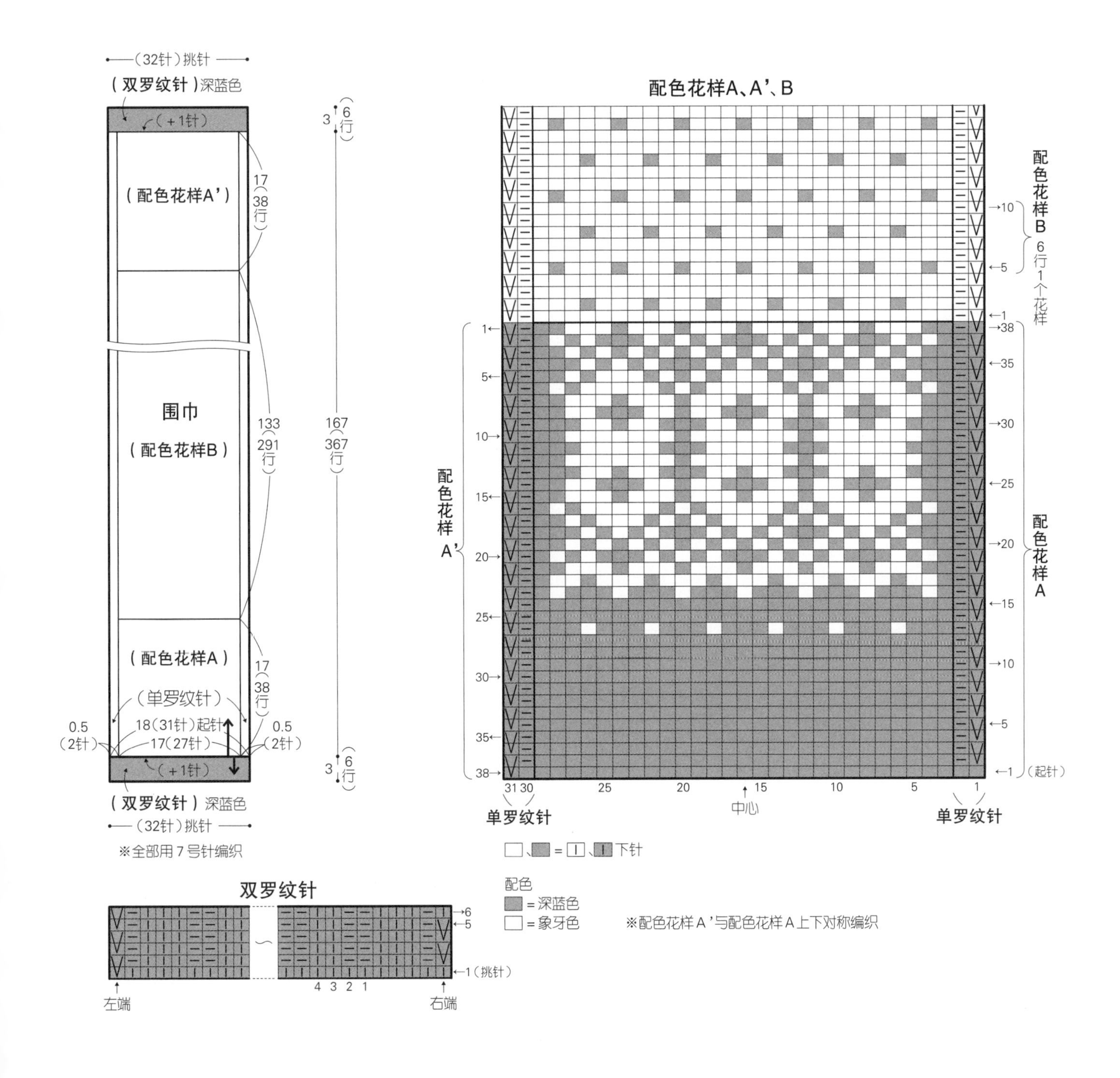

D / Cardigan P.9

●材料

线…和麻纳卡 ALPACA (fine) 深蓝色（10）350g/14 团，象牙色（1）200g/8 团

针…棒针 7 号、6 号

纽扣…直径 1.5cm（象牙色），6 颗

●密度

10cm×10cm 面积内：配色花样 A、B 16 针，22 行

●成品尺寸

胸围 100.5cm，肩宽 38cm，衣长 62cm，袖长 56.5cm

■编织要点

毛线必须 2 股并在一起编织。

1 后身片从下摆的连接处挑起另线锁针起针编织。横向渡线编织配色花样，减针时，2 针以上时做伏针减针，1 针时立起侧边 3 针减针，折返后编织肩部。

2 前身片与后身片用同样的方法编织，口袋处要另线编织。

3 袖与身片用同样的方法编织，袖下在侧边 1 针内侧编织扭加针。

4 将肩部正面相对盖针钉缝，胁处挑针接缝。

5 下摆拆开另线锁针的起针挑针编织，在第 1 行均匀减针，编织双罗纹针，编织终点处，编织双罗纹针收针。

6 另线上下挑针编织袋口与口袋内层（参照 37 页），袋口在两胁处挑针接缝，口袋内层以卷针缝缝合。

7 袖从身片引拔接缝。前门襟、衣领手指挂线起针，一边编织扣眼。编织起点与编织终点处的 21 行要用象牙色线编织。编织终点处做伏针收针。身片做针与行对齐挑针接缝，缝上纽扣。

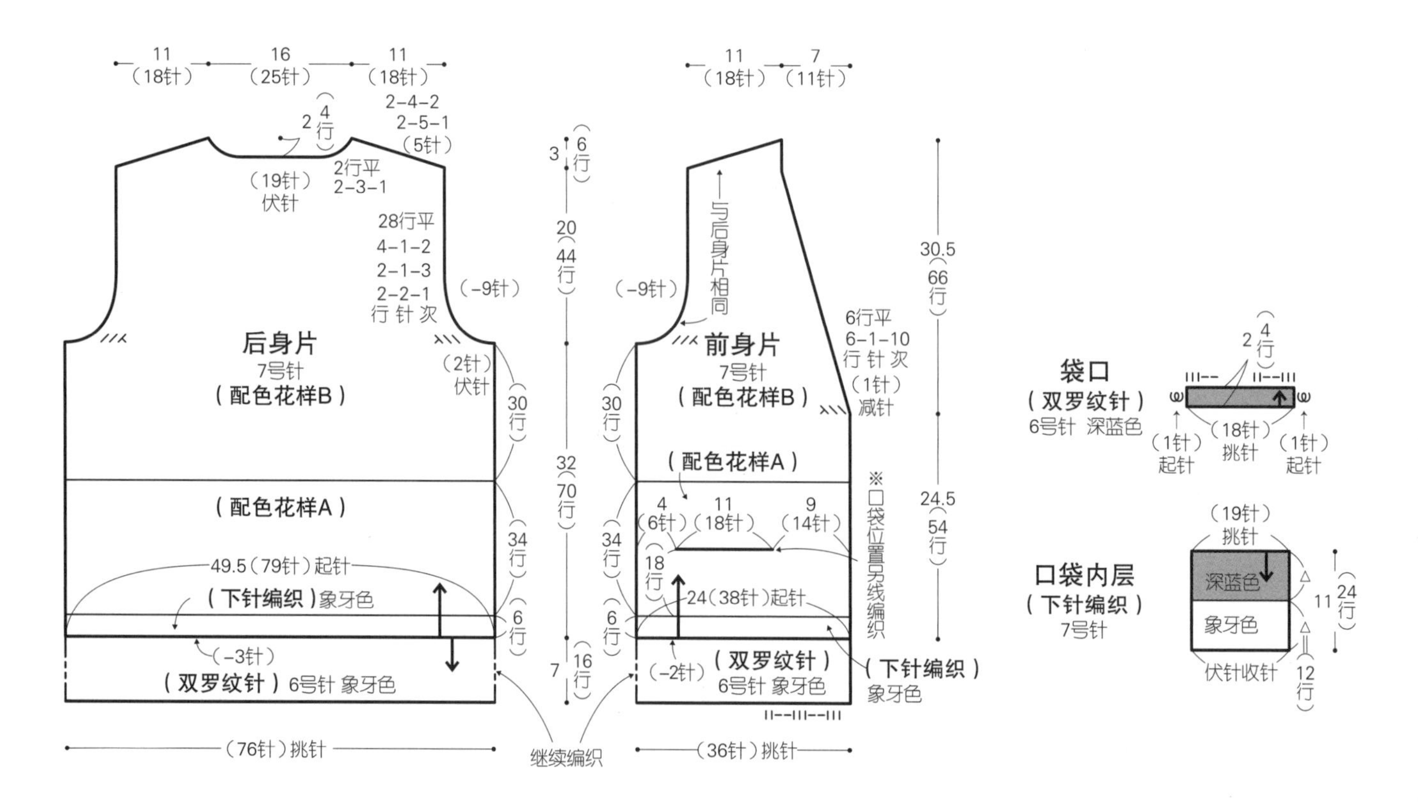

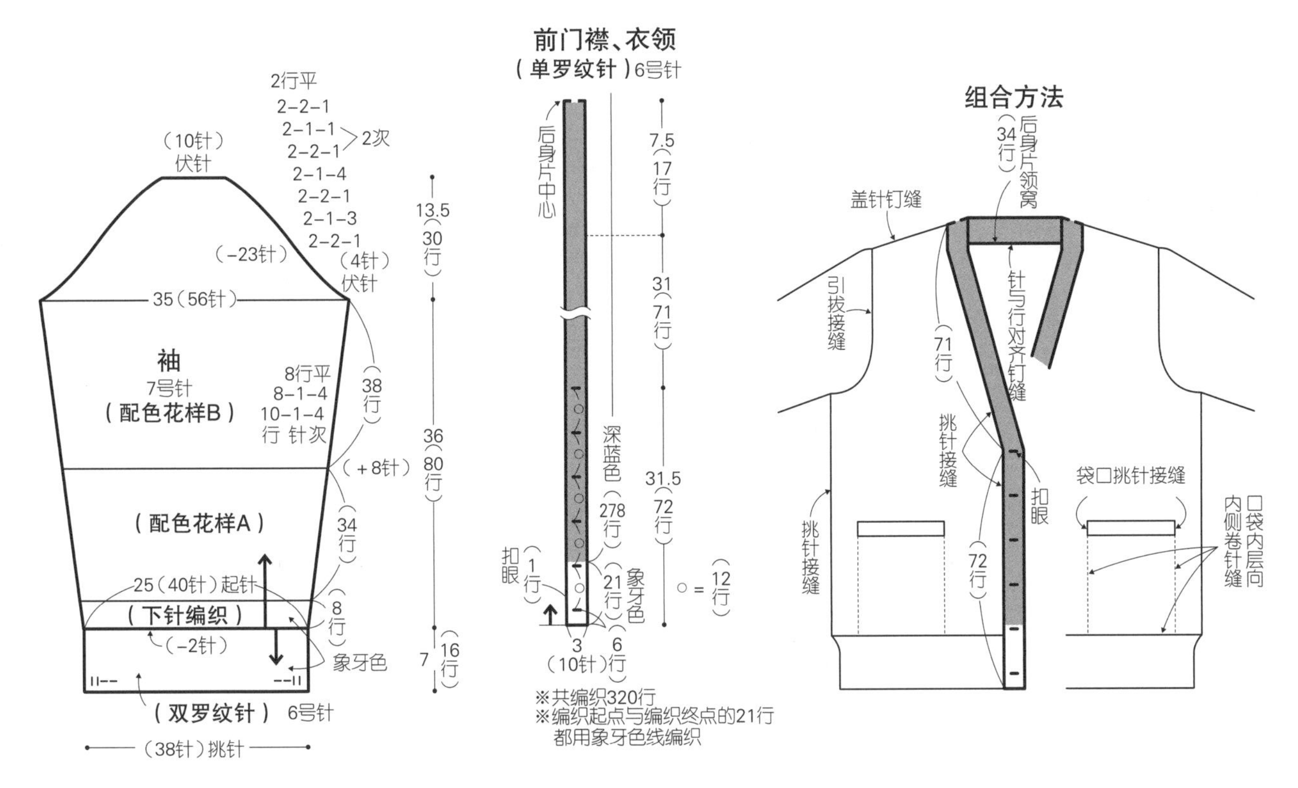
(10针)
伏针
2行平
2-2-1
2-1-1
2-2-1
2次
2-1-4
2-2-1
2-1-3
2-2-1
(-23针)
(4针)
伏针
35(56针)
袖
7号针
(配色花样B)
8行平
8-1-4
10-1-4
行 针 次
(+8针)
(配色花样A)
25(40针)起针
(下针编织)
(-2针)
象牙色
(双罗纹针) 6号针
(38针)挑针
13.5
(30行)
(38行)
36
(80行)
(34行)
(8行)
7
(16行)
前门襟、衣领
(单罗纹针)6号针
后身片中心
7.5
(17行)
31
(71行)
31.5
(72行)
深蓝色
(278行)
扣眼
(1行)
(21行)
象牙色
○ = (12行)
3
(10针)
(6行)
※共编织320行
※编织起点与编织终点的21行
都用象牙色线编织
组合方法
(34行)
后身片领窝
盖针钉缝
引拔接缝
针与行对齐钉缝
(71行)
挑针接缝
扣眼
袋口挑针接缝
口袋内层向内侧卷针缝
挑针接缝
(72行)

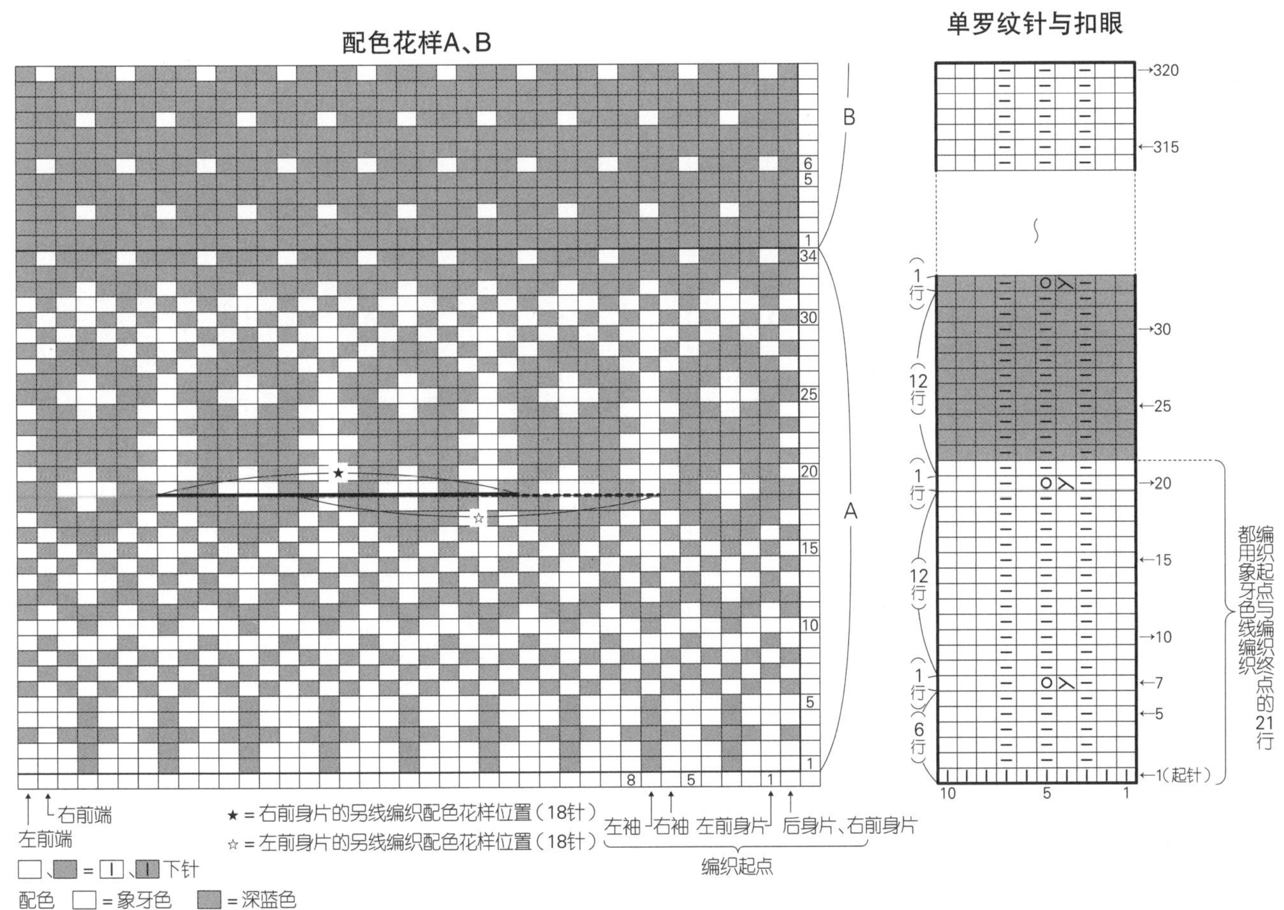
配色花样A、B
B
A
6
5
1
34
30
25
20
15
10
5
1
8
5
1
右前端
左前端
★ = 右前身片的另线编织配色花样位置(18针)
☆ = 左前身片的另线编织配色花样位置(18针)
左袖
右袖
左前身片
后身片、右前身片
编织起点
□、■ = □、■下针
配色 □ = 象牙色 ■ = 深蓝色
单罗纹针与扣眼
320
315
(1行)
30
(12行)
25
(1行)
20
(12行)
15
10
(1行)
7
5
(6行)
1(起针)
10
5
1
都用象牙色线编织
编织起点与编织终点的21行

E / Sweater P.11

●材料

线…和麻纳卡 CASHMERE MERINO 靛蓝色（23）470g/12 团

针…棒针 8 号

●密度

10cm×10cm 面积内：配色花样 C 21 针，25 行；桂花针 17 针，25 行

●成品尺寸

胸围 96cm，衣长 61cm，连肩袖长 75cm

■编织要点

1 身片从下摆连接处挑起另线锁针起针开始编织，参考图示编织桂花针与编织花样，插肩线减针时，2 针以上时做伏针减针，1 针时立起侧边 3 针减针。前领窝处减针时，立起侧边 1 针减针。编织终点处做伏针收针。

2 袖与身片用同样的方法编织，袖下在侧边 1 针内侧编织扭加针。

3 下摆与袖口拆开另线锁针的起针挑针，编织单罗纹针，编织终点处，编织单罗纹针收针。

4 胁、袖下、插肩线处挑针接缝，相同标记处对齐下针钉缝。

5 衣领是从身片与袖子处挑针环形编织，编织终点处，编织单罗纹针收针。

※ 配色花样 C 的编织要点见 38 页

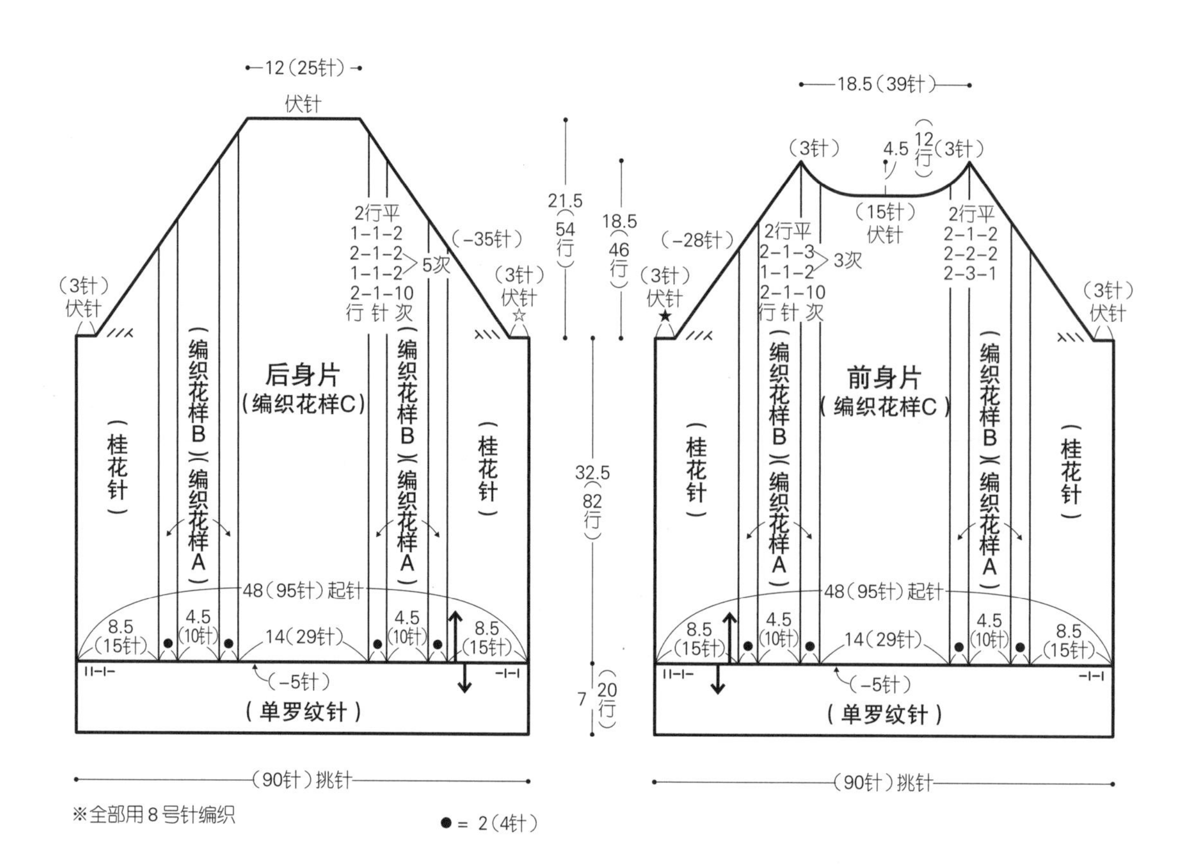

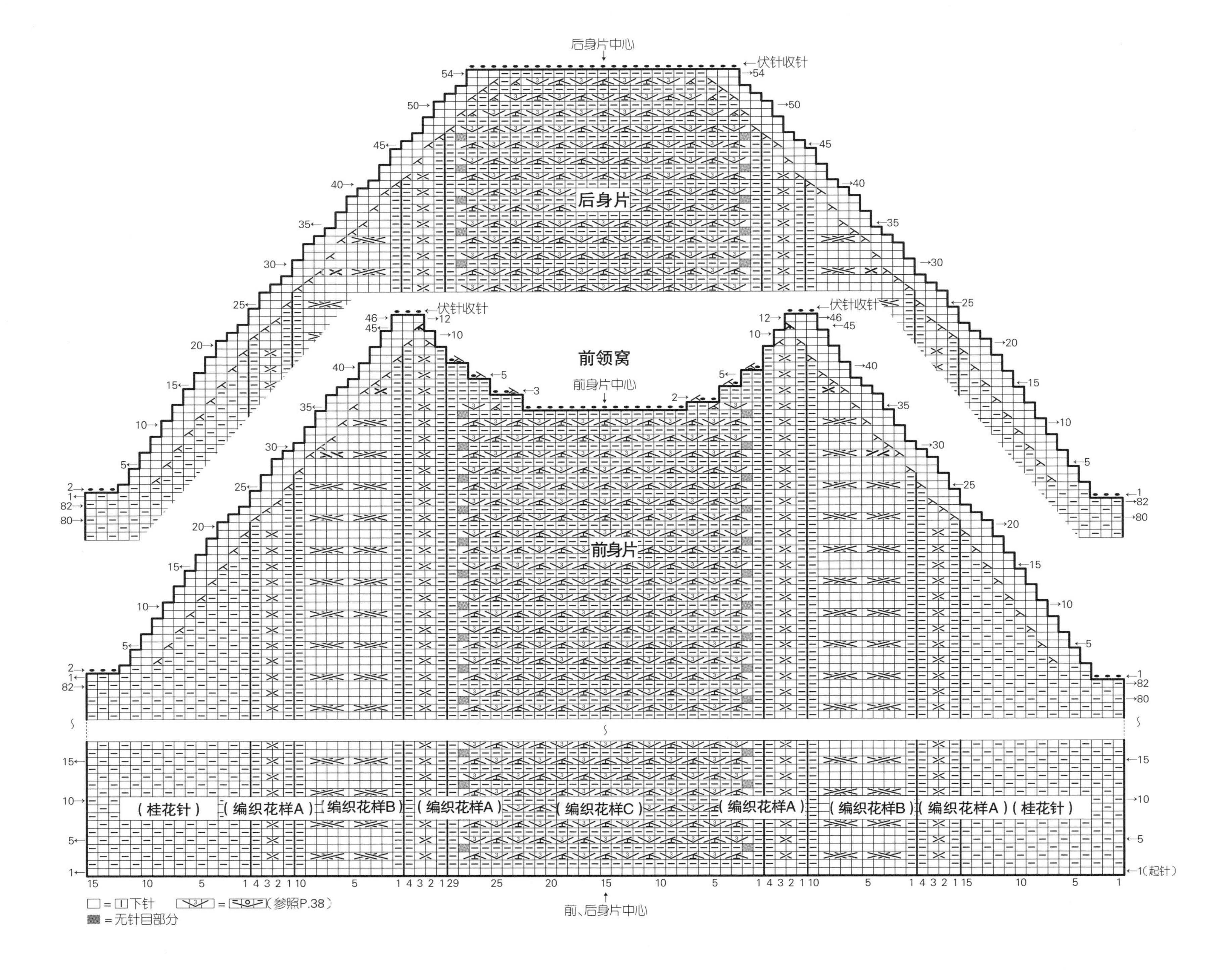

后身片中心
伏针收针
后身片
伏针收针
前领窝
前身片中心
前身片
(桂花针)
(编织花样A)
(编织花样B)
(编织花样A)
(编织花样C)
(编织花样A)
(编织花样B)
(编织花样A)
(桂花针)
1(起针)
前、后身片中心
□ = □ 下针
= (参照P.38)
■ = 无针目部分

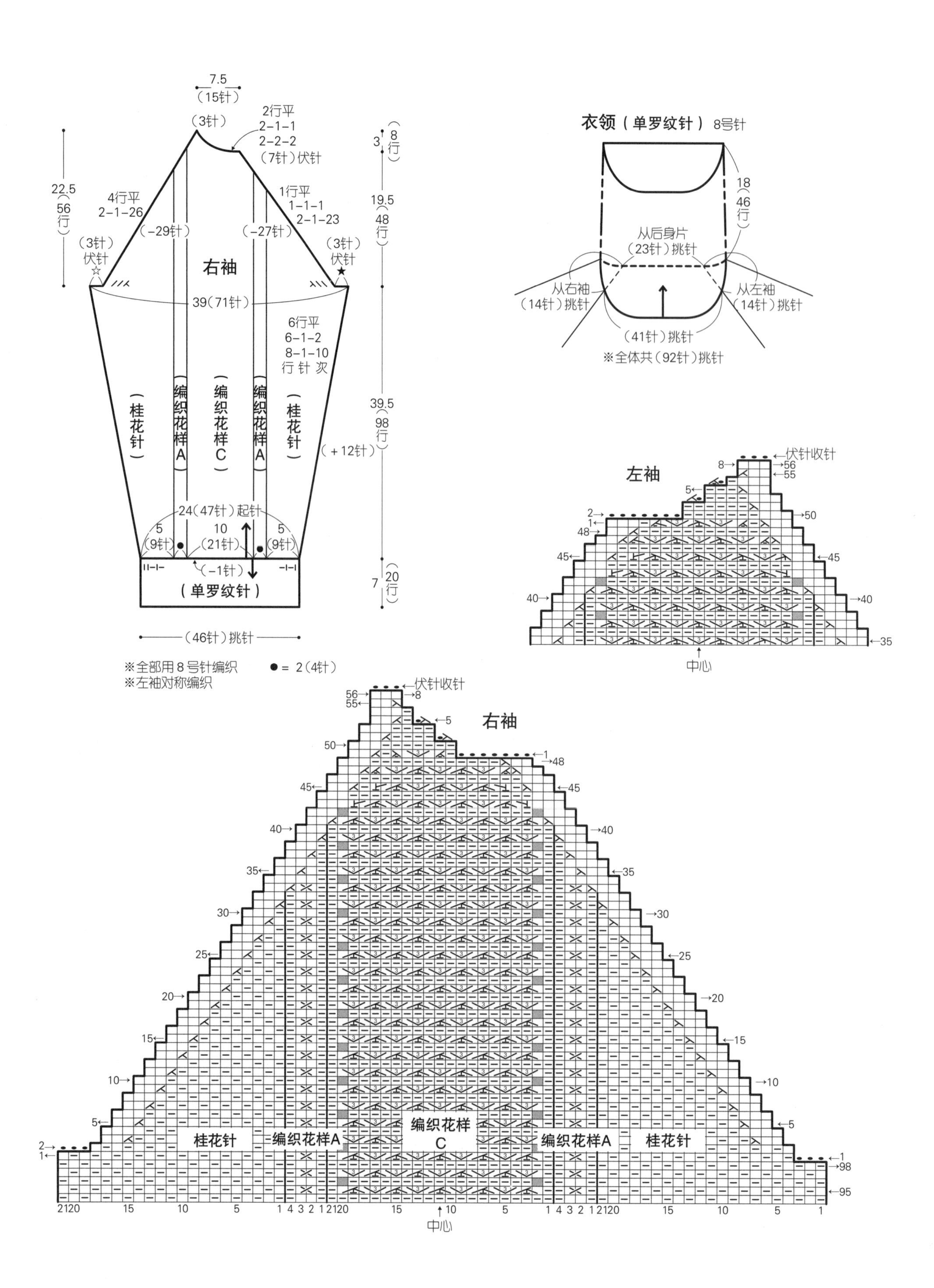
7.5
(15针)
(3针)
2行平
2-1-1
2-2-2
(7针)伏针
22.5
(56行)
4行平
2-1-26
1行平
1-1-1
2-1-23
3 (8行)
19.5 (48行)
(-29针)
(-27针)
(3针)伏针
(3针)伏针
右袖
39(71针)
6行平
6-1-2
8-1-10
行 针 次
39.5 (98行)
桂花针
编织花样A
编织花样C
编织花样A
桂花针
(+12针)
24(47针)起针
5 (9针)
10 (21针)
5 (9针)
(-1针)
(单罗纹针)
7 (20行)
(46针)挑针
※全部用8号针编织
● = 2(4针)
※左袖对称编织
衣领(单罗纹针) 8号针
18 (46行)
从后身片
(23针)挑针
从右袖
(14针)挑针
从左袖
(14针)挑针
(41针)挑针
※全体共(92针)挑针
左袖
伏针收针
中心
右袖
伏针收针
桂花针
编织花样A
编织花样C
编织花样A
桂花针
中心

N / Sweater P.32

●材料

线…和麻纳卡 SPECTRE MODEM (fine) 灰白色(301) 325g/9 团，海军蓝色(314) 80g/ 2 团

针…棒针 6 号

●密度

10cm×10cm 面积内：下针编织、下针编织条纹花样 20 针，28 行

●成品尺寸

胸围 96cm，肩宽 36cm，衣长 63cm，袖长 55.5cm

■编织要点

1　从下摆处挑起另线锁针的起针开始编织。参考图示进行编织，在两侧加针（参照 85 页）。减针时，2 针以上时做伏针减针，1 针时立起侧边 1 针减针，肩部做往返编织。拆开另线锁针的起针挑针，编织 1 行下针，编织终点处从反面做伏针收针。

2　袖与身片用同样的方法编织，袖下在侧边 1 针内侧编织扭加针。

3　肩部正面相对引拔钉缝，胁与袖下挑针接缝，袖两侧对齐引拔接缝。

4　衣领从身片挑针，环形编织。

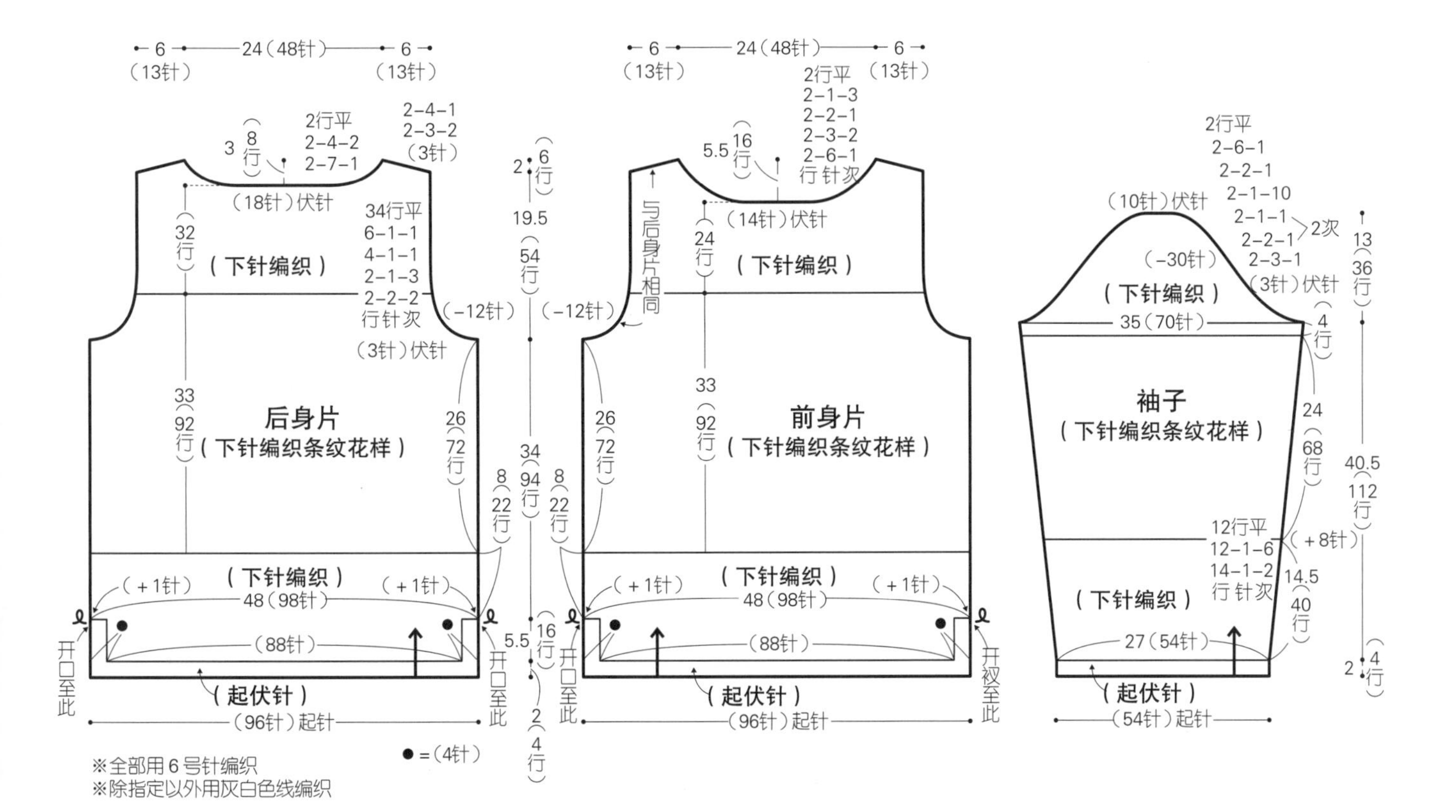

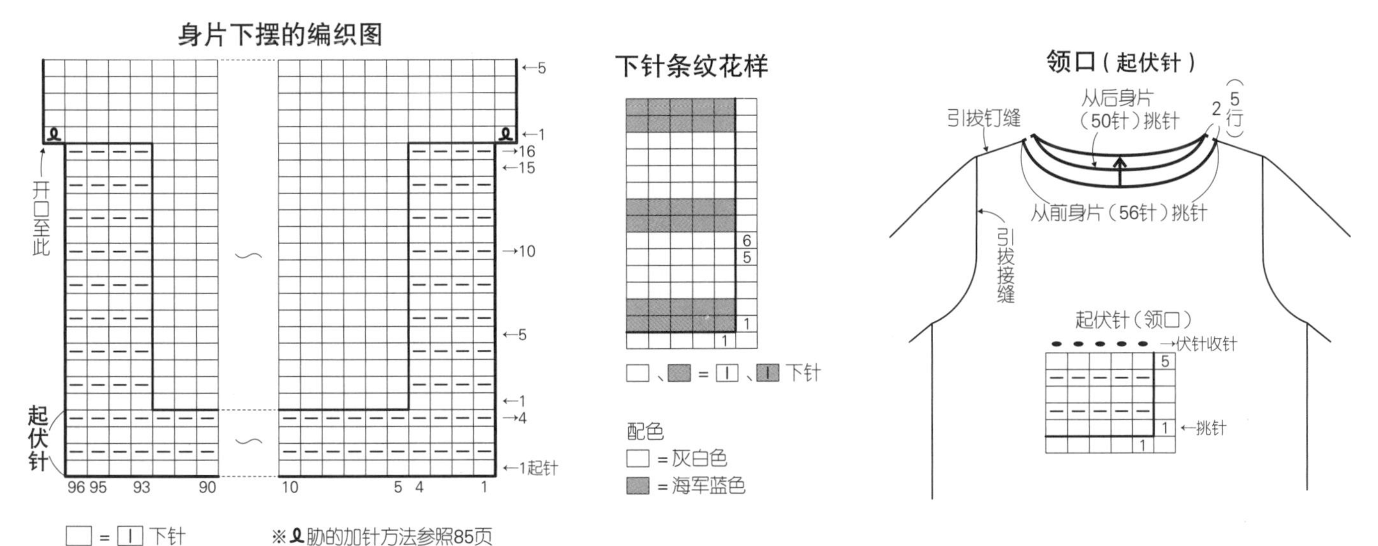

K / Cape P.23

●材料

线…和麻纳卡 CASHMERE 浅灰色（106）240g/12团

针…棒针 15 号（使用环形针）

●密度

10cm×10cm 面积内：编织花样 A、B 18 针，30行

●成品尺寸

长 60cm

■编织要点

1　从下摆处手指挂线起针，不加减针编织 26 行编织花样 A。

2　参考图示，分散减针做编织花样 B。编织终点处，毛线穿过 5 针后收紧。

3　前门襟和衣领都从主体挑针做编织花样 A'，不加减针编织。编织终点处，缓慢地做伏针收针。

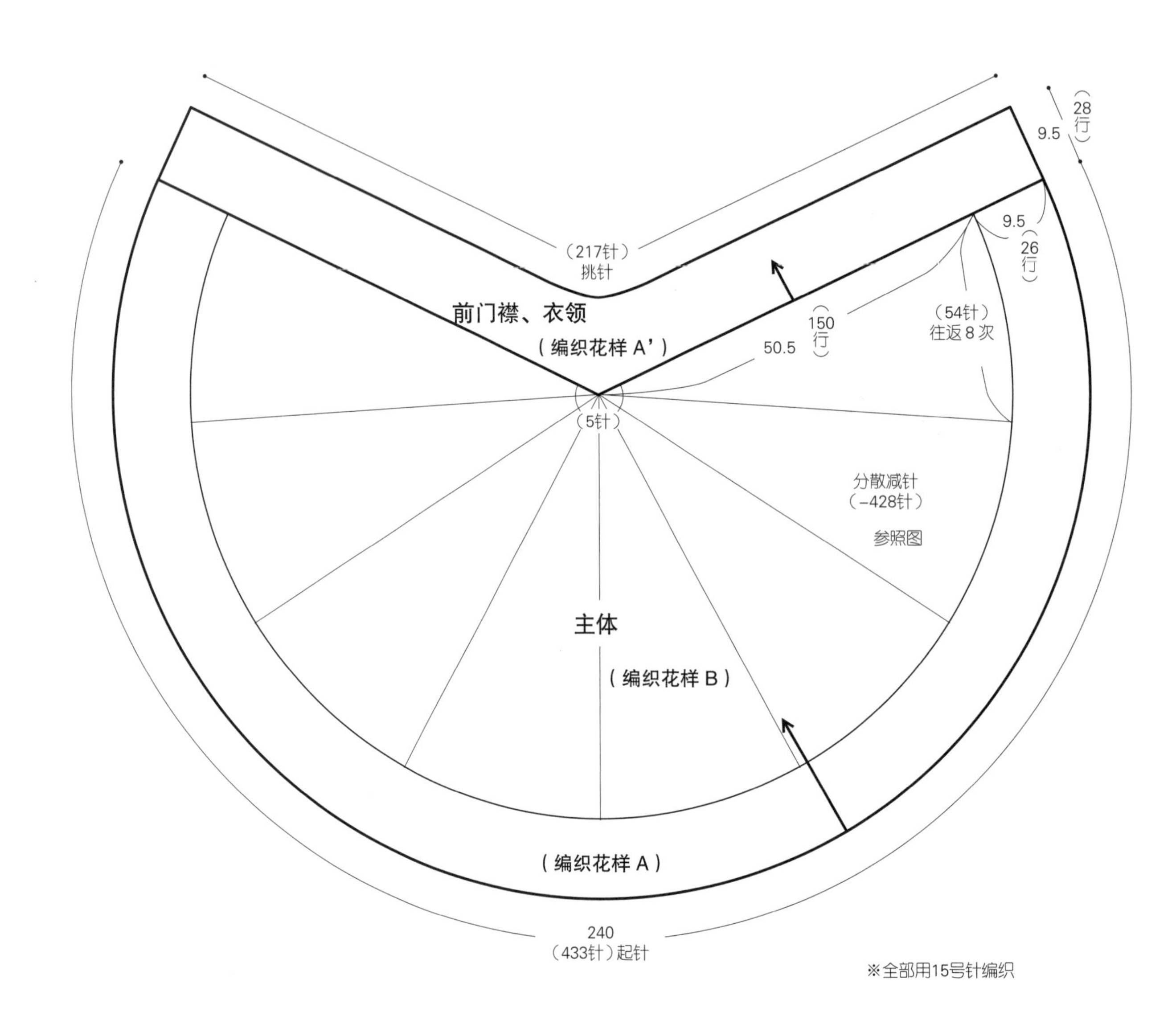

※全部用15号针编织

编织花样A'

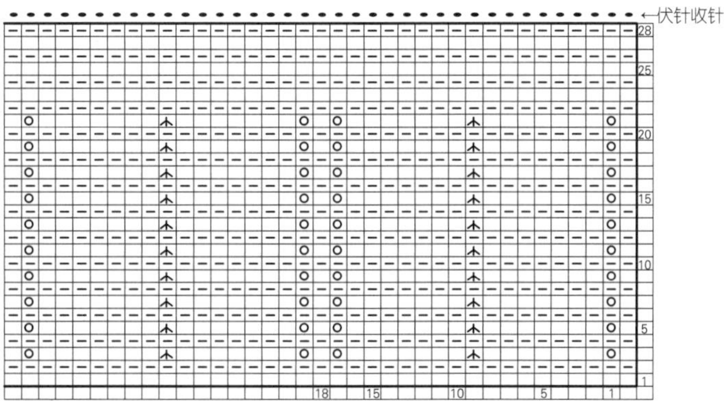

□ = 丨 下针

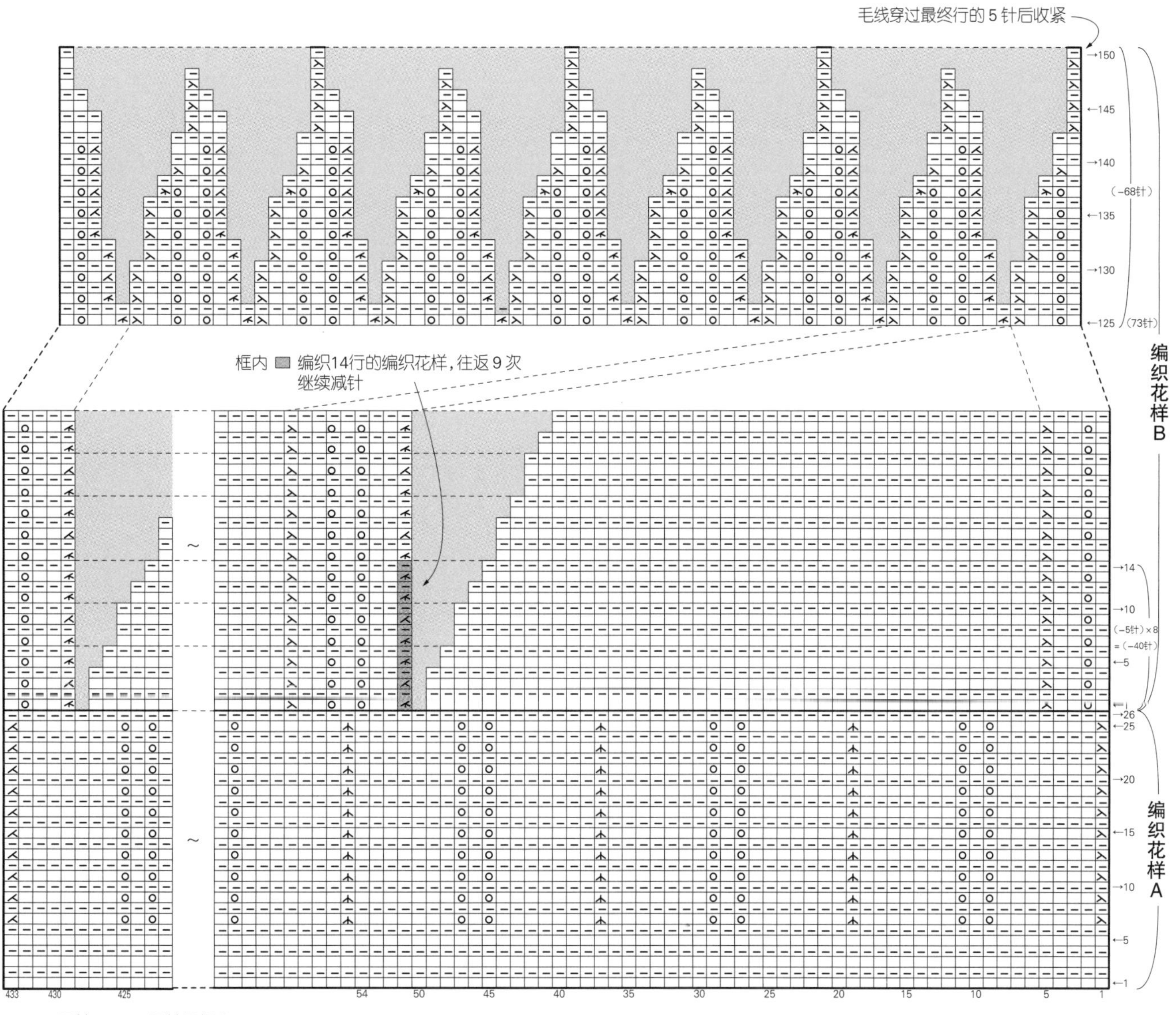

□ = 丨 下针　■ = 无针目部分

L / Jacket P.27

●材料

线…和麻纳卡 SPECTRE MODEM (fine) 海军蓝色(45) 485g/13 团

针…棒针 8 号，钩针 8/0 号

纽扣…直径为 2.3cm 的纽扣(金属银白色), 10 颗；直径为 2.3cm 的暗扣, 1 颗；直径为 1.2cm 的扣环，9 颗

●密度

10cm×10cm 面积内：下针编织、桂花针 18 针，24 行

●成品尺寸

胸围 98cm，肩宽 37cm，衣长 60cm，袖长 57.5cm

■编织要点

1 从下摆的连接处共线编织，另线锁针起针，编织身片。减针时，2 针以上时做伏针减针，1 针时立起侧边 1 针减针。参考图示，一边留出扣眼一边编织。肩部往返编织。

2 袖与身片用同样的方法编织，袖下加针时，在侧边 1 针内侧渡线编织扭加针。

3 衣领、口袋用与身片一样的编织方法开始编织。

4 肩部正面相对引拔钉缝，胁与袖下对齐挑针接缝。

5 从身片挑针，在同一方向编织 2 行边缘编织。袖口的边缘编织要环形编织。

6 用卷针缝将衣领和身片缝合。口袋要缝合在指定位置。在右前身片的最上面缝上暗扣，其他地方缝上扣环。

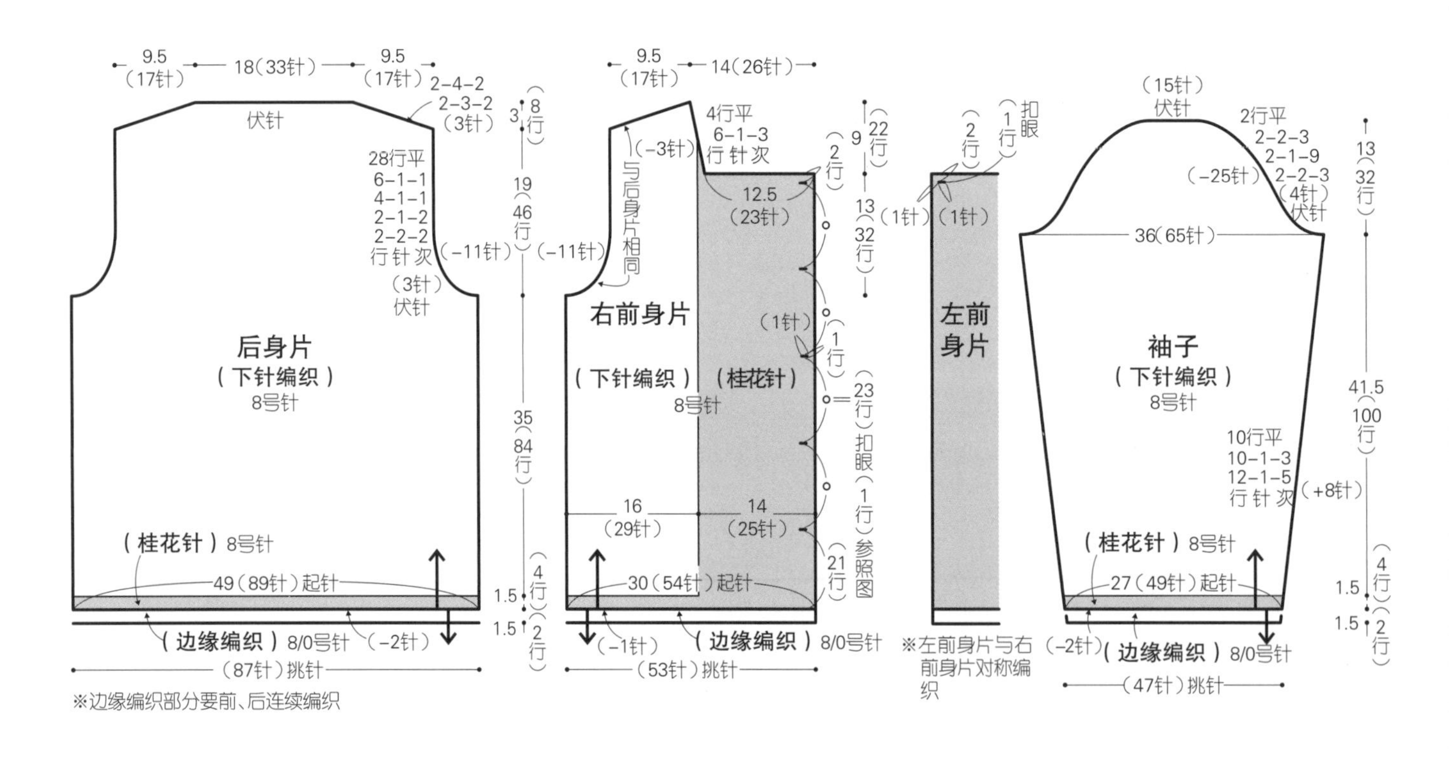

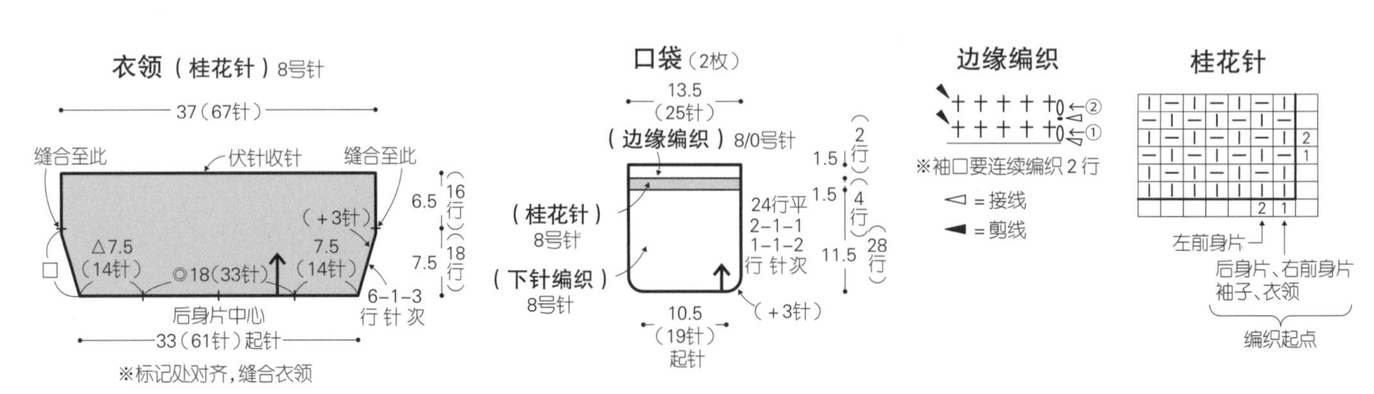

扣眼

右前身片　　左前身片

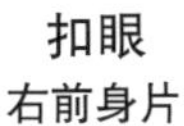

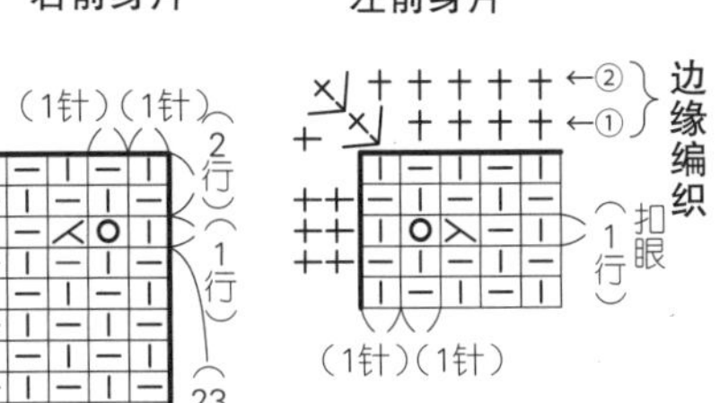

边缘编织与组合方法

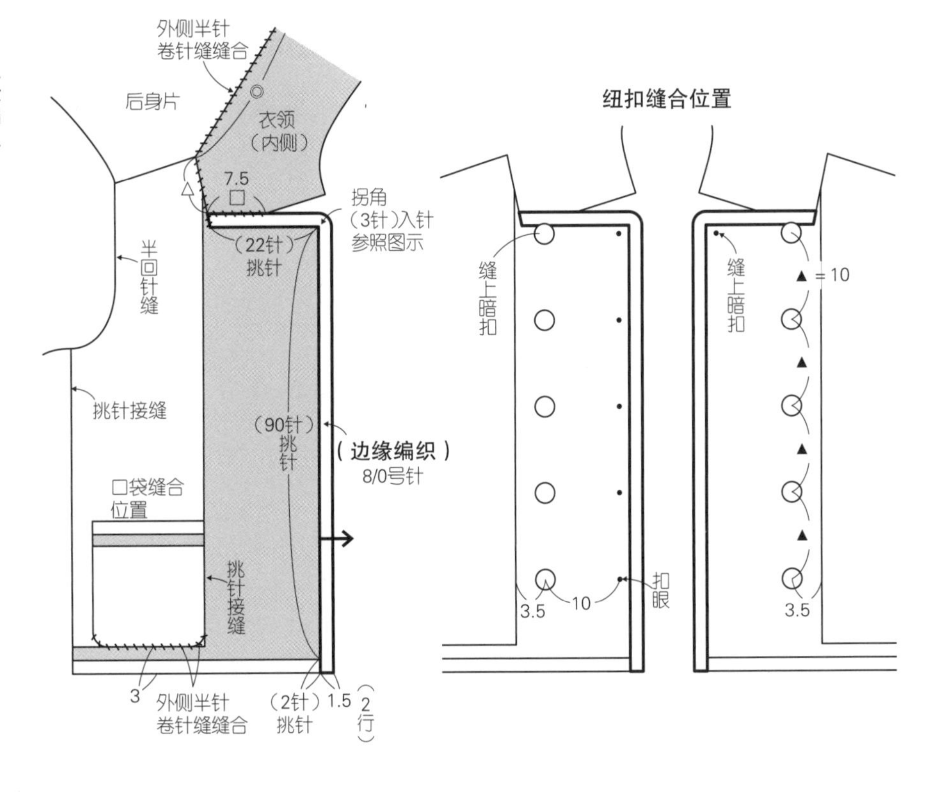

[制作扣眼]

1 在要留出扣眼的位置入针，上下拓宽，宽度大概让纽扣可以穿过。

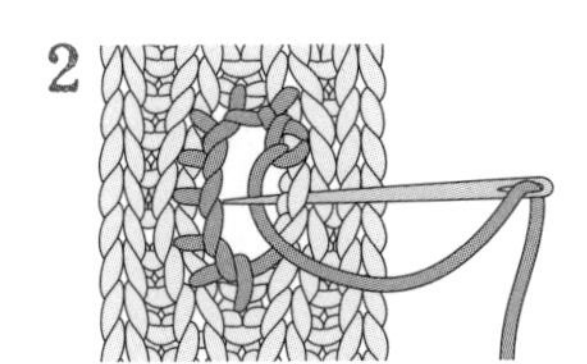

2 为了固定用于拓宽的针目，以锁针绣缝1圈针目。

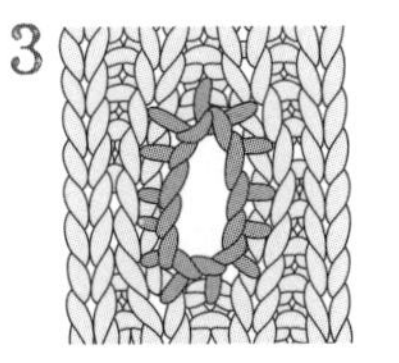

3 在反面整理好线头，扣眼制作完成。

[胁的加针方法]

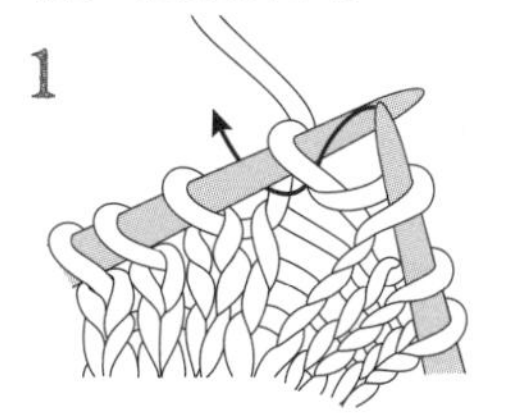

1 编织下针，编织好的针目挂在棒针上，右棒针从后侧入针。

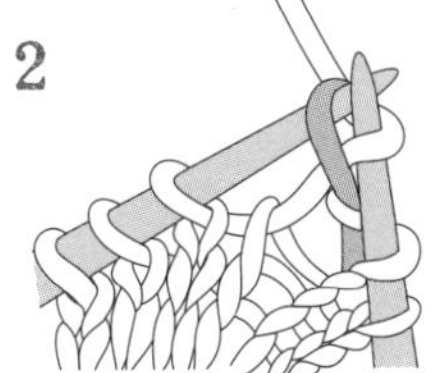

2 针上挂线，拉出，编织下针。增加了1针。

[卷加针]

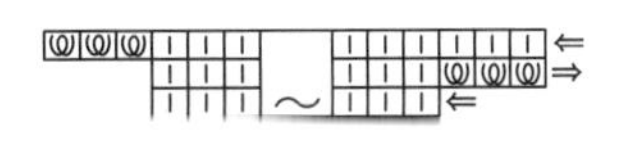

*右侧

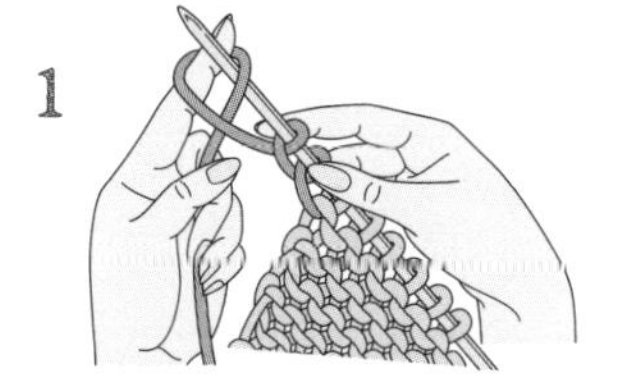

1 如图所示，将挂在食指上的毛线绕在棒针上，手指抽出。

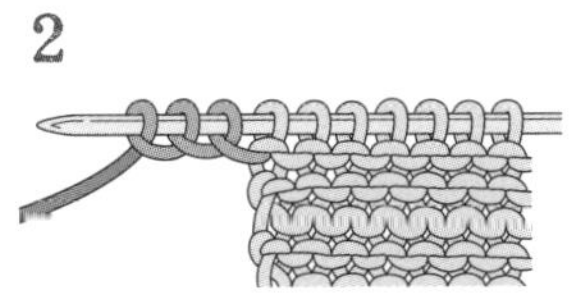

2 重复步骤1，3针卷加针编织完成。

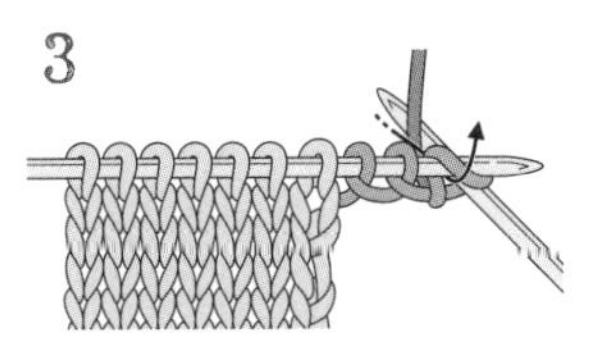

3 下一行，右棒针从前面入针，继续编织加针时，一端要编织滑针。

*左侧

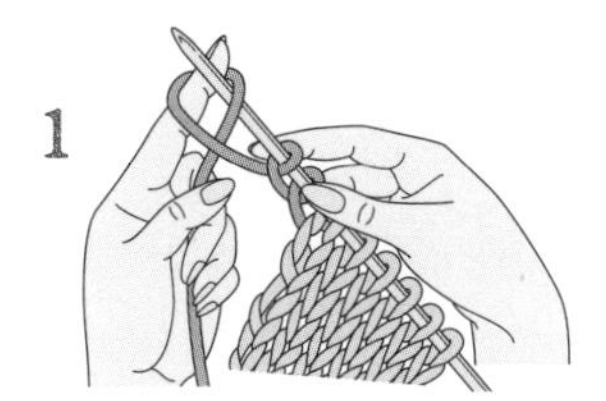

1 如图所示，将挂在食指上的毛线绕在棒针上，手指抽出。

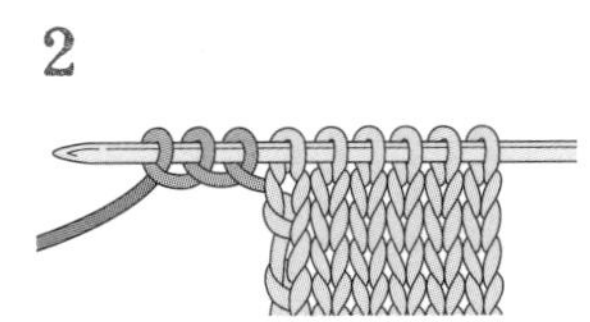

2 重复步骤1，3针卷加针编织完成。

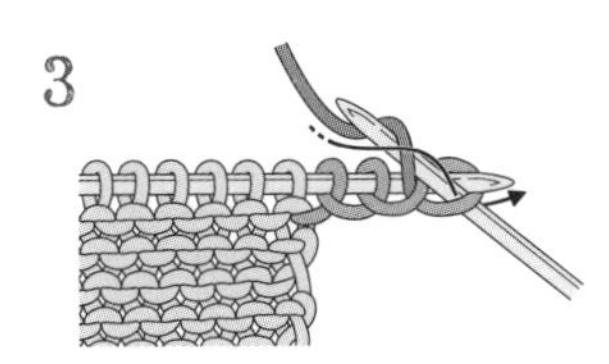

3 下一行，右棒针从前面入针，继续编织加针时，一端要编织滑针。

O / Vest P.33

●材料

线…和麻纳卡 CASHMERE 象牙白色（6）260g/7团

针…棒针8号

●密度

10cm×10cm 面积内：编织花样20针，25行；桂花针17针，25行

●成品尺寸

胸围94cm，肩宽37cm，衣长62cm

■编织要点

1 从下摆的连接处挑起另线锁针的里山起针开始编织。后身片编织桂花针，前身片编织桂花针和编织花样。袖窿、领窝减针时，2针以上时做伏针减针，1针时立起侧边3针减针。肩部往返编织。

2 下摆拆开另线锁针的起针挑针编织，后身片均匀加针，前身片编织单罗纹针减针，编织终点处，编织单罗纹针收针。

3 肩部正面相对盖针钉缝，胁处挑针接缝。

4 领口和袖口从身片部分挑针环形编织单罗纹针，编织终点处，编织单罗纹针收针。

※ 编织方法的重点见38、39页

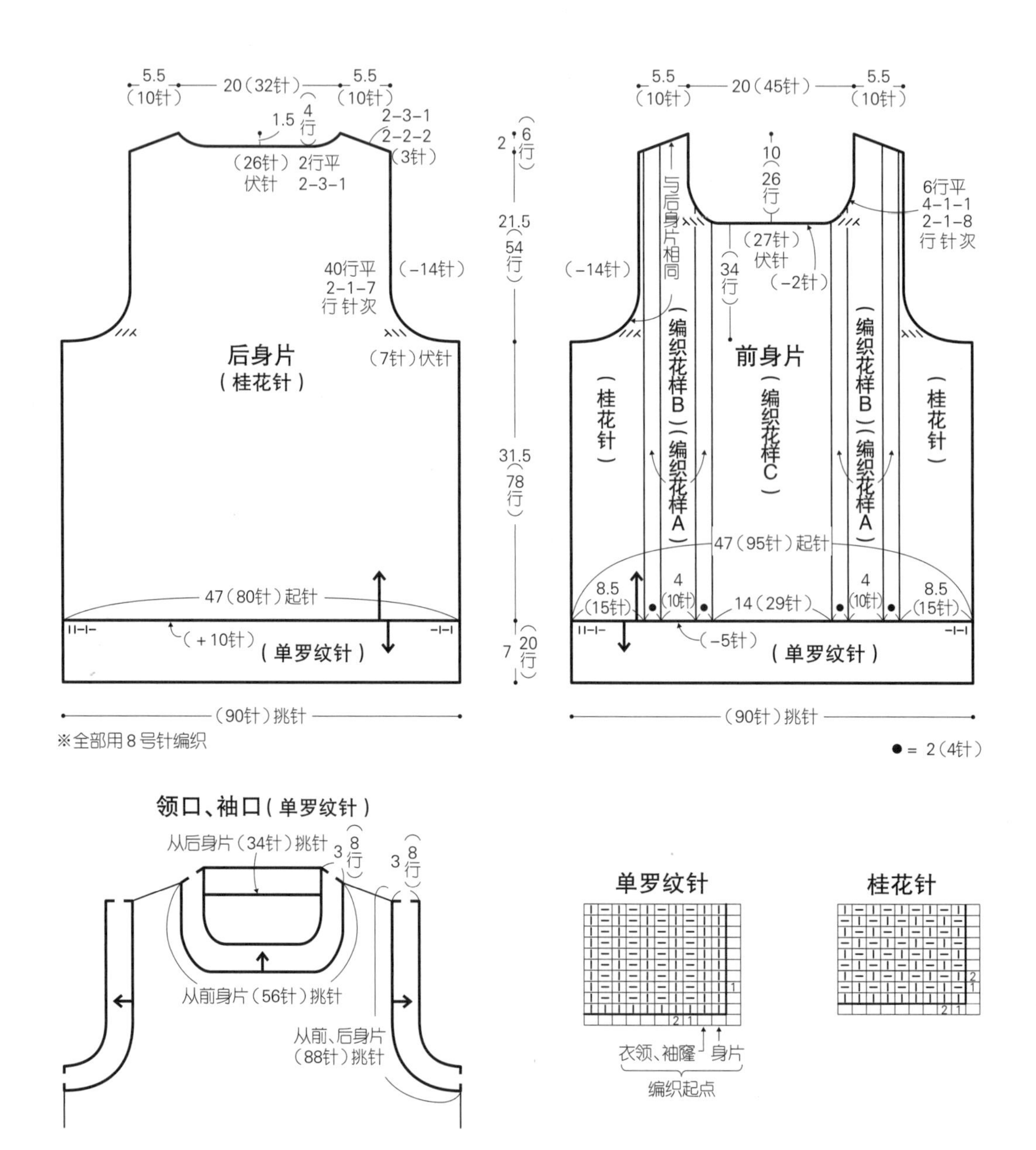

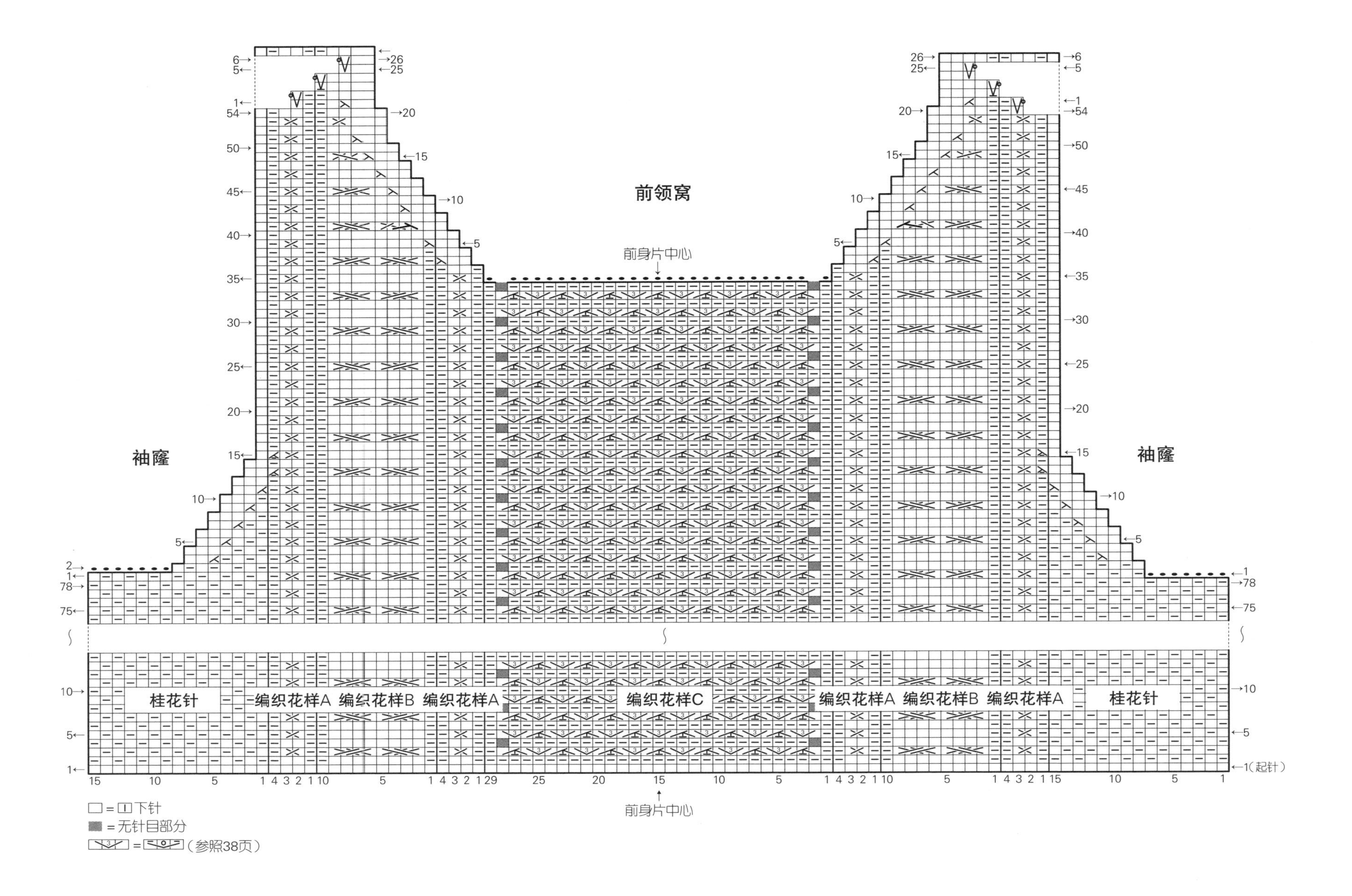
前领窝
前身片中心
袖窿
袖窿
桂花针
编织花样A
编织花样B
编织花样A
编织花样C
编织花样A
编织花样B
编织花样A
桂花针
1(起针)
前身片中心
□=□下针
■=无针目部分
=(参照38页)

O / Cap P.33

●材料

线…和麻纳卡 CASHMERE MERINO 象牙色(6)80g/2团

针…棒针8号

●密度

10cm×10cm 面积内：编织花样22针，26行

●成品尺寸

帽围58cm，帽深21cm

■编织要点

1 从连接处挑起另线锁针起针开始编织，编织花样要环形编织。参考图示，分散减针编织，毛线穿过2次编织终点的针目后收紧。

2 拆开另线锁针的起针挑针，帽檐处环形编织单罗纹针，编织终点处，编织单罗纹针收针。

3 制作毛球，并缝合在顶部。

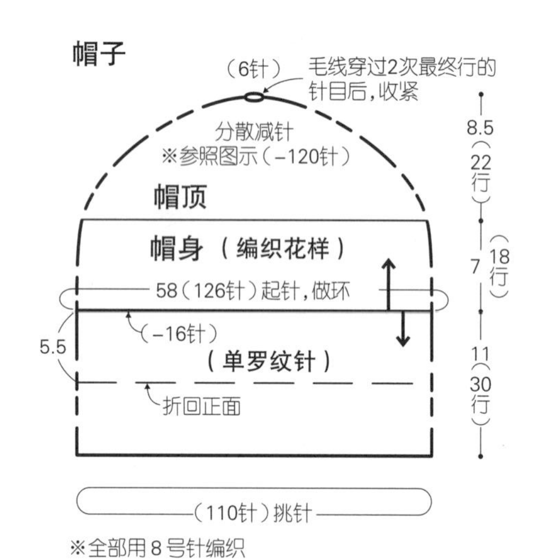

编织花样与帽顶的分散减针

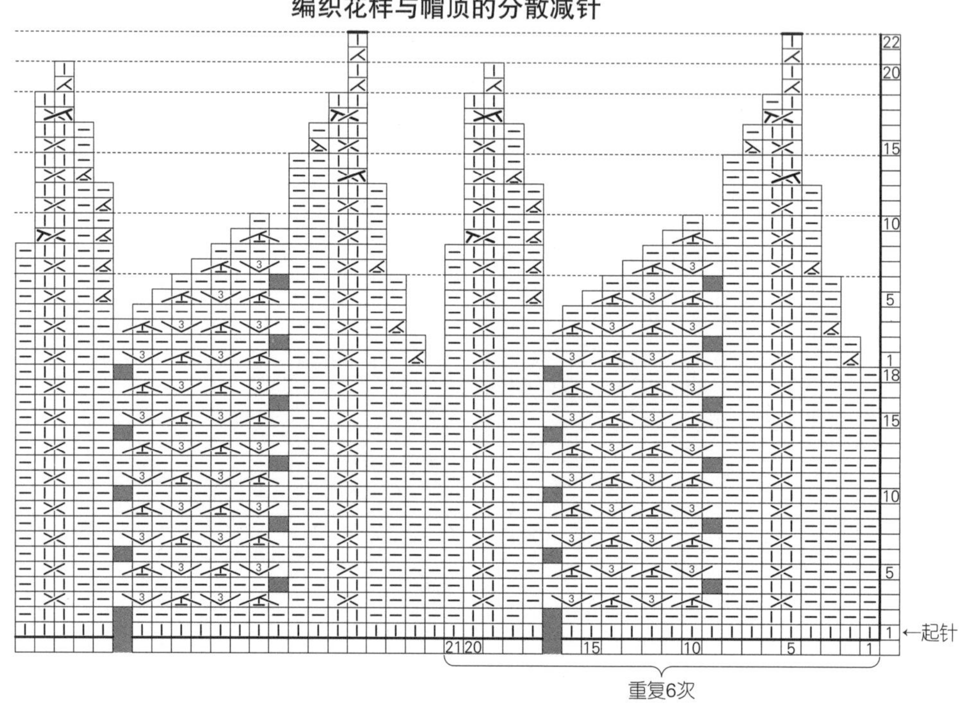

[手指挂线起针]

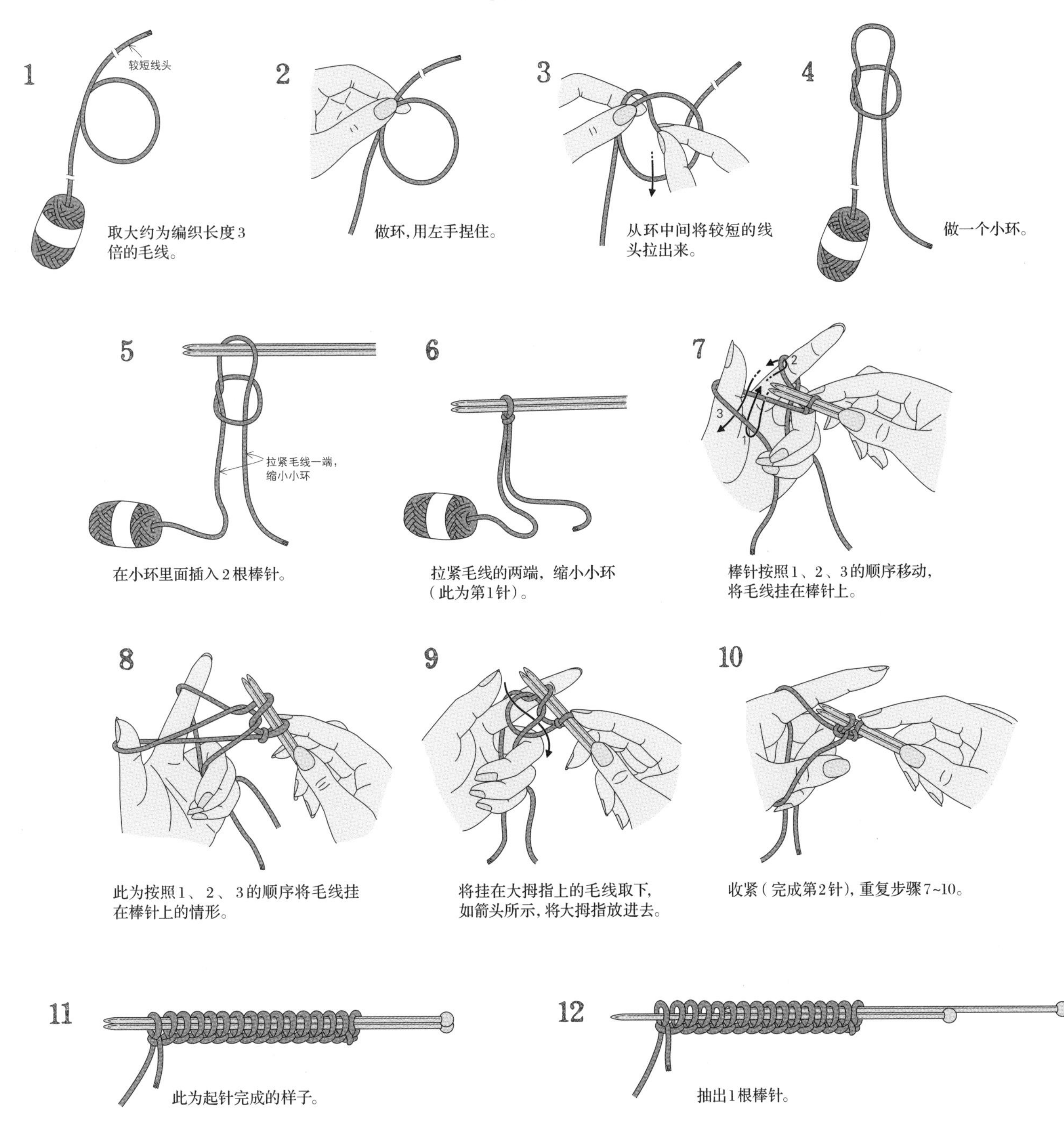

13

此为第1行。

Basics / 棒针编织的基础

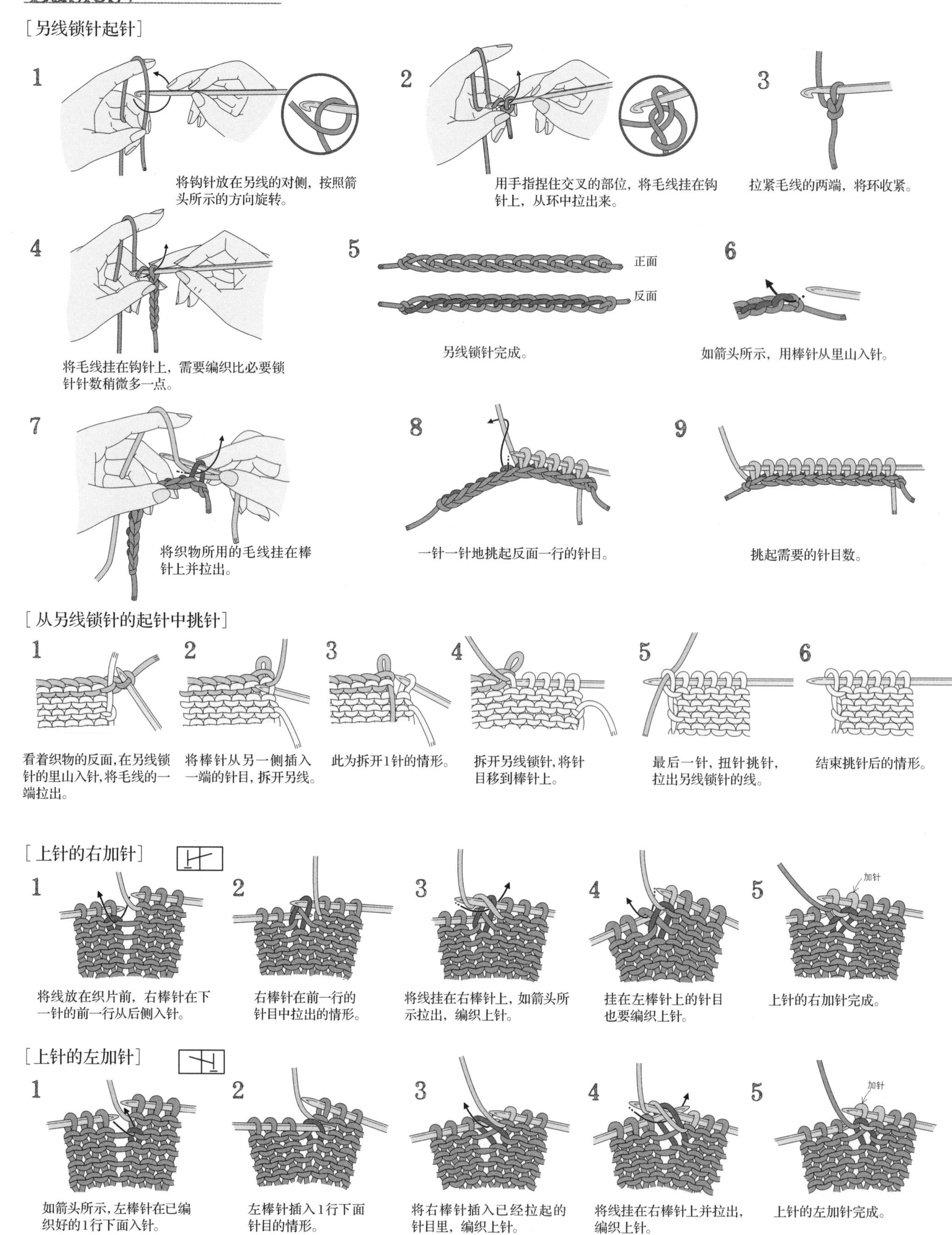

［另线锁针起针］

1 将钩针放在另线的对侧，按照箭头所示的方向旋转。

2 用手指捏住交叉的部位，将毛线挂在钩针上，从环中拉出来。

3 拉紧毛线的两端，将环收紧。

4 将毛线挂在钩针上，需要编织比必要锁针针数稍微多一点。

5 另线锁针完成。

6 如箭头所示，用棒针从里山入针。

7 将织物所用的毛线挂在棒针上并拉出。

8 一针一针地挑起反面一行的针目。

9 挑起需要的针目数。

［从另线锁针的起针中挑针］

1 看着织物的反面，在另线锁针的里山入针，将毛线的一端拉出。

2 将棒针从另一侧插入一端的针目，拆开另线。

3 此为拆开1针的情形。

4 拆开另线锁针，将针目移到棒针上。

5 最后一针，扭针挑针，拉出另线锁针的线。

6 结束挑针后的情形。

［上针的右加针］

1 将线放在织片前，右棒针在下一针的前一行从后侧入针。

2 右棒针在前一行的针目中拉出的情形。

3 将线挂在右棒针上，如箭头所示拉出，编织上针。

4 挂在左棒针上的针目也要编织上针。

5 上针的右加针完成。

［上针的左加针］

1 如箭头所示，左棒针在已编织好的1行下面入针。

2 左棒针插入1行下面针目的情形。

3 将右棒针插入已经拉起的针目里，编织上针。

4 将线挂在右棒针上并拉出，编织上针。

5 上针的左加针完成。

[单罗纹针起针] 两部分的下针都为2针时的情况

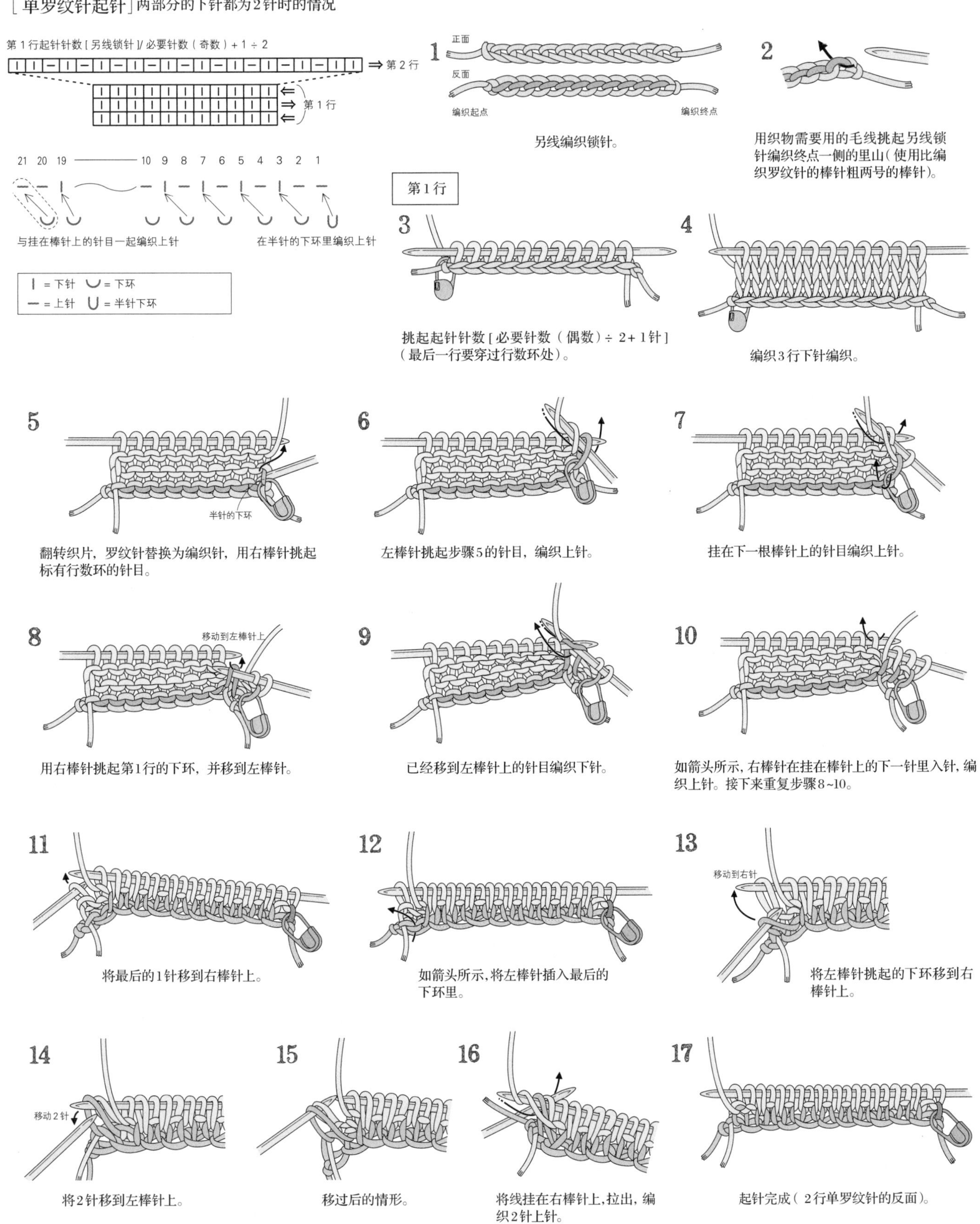

1 另线编织锁针。

2 用织物需要用的毛线挑起另线锁针编织终点一侧的里山（使用比编织罗纹针的棒针粗两号的棒针）。

3 挑起起针针数[必要针数（偶数）÷2+1针]（最后一行要穿过行数环处）。

4 编织3行下针编织。

5 翻转织片，罗纹针替换为编织针，用右棒针挑起标有行数环的针目。

6 左棒针挑起步骤5的针目，编织上针。

7 挂在下一根棒针上的针目编织上针。

8 用右棒针挑起第1行的下环，并移到左棒针。

9 已经移到左棒针上的针目编织下针。

10 如箭头所示，右棒针在挂在棒针上的下一针里入针，编织上针。接下来重复步骤8~10。

11 将最后的1针移到右棒针上。

12 如箭头所示，将左棒针插入最后的下环里。

13 将左棒针挑起的下环移到右棒针上。

14 将2针移到左棒针上。

15 移过后的情形。

16 将线挂在右棒针上，拉出，编织2针上针。

17 起针完成（2行单罗纹针的反面）。

[横向渡线编织配色花样] 不编织的线在反面横向渡过。在反面的渡线注意不要拉得过紧。

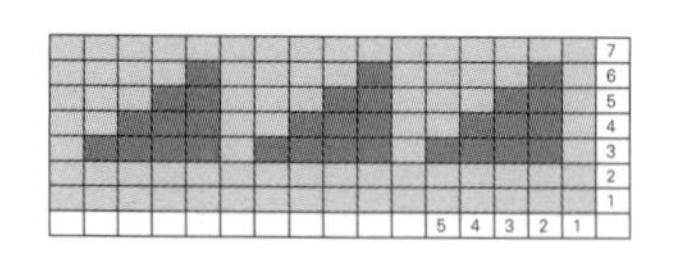

第3行（从正面编织的行）

1

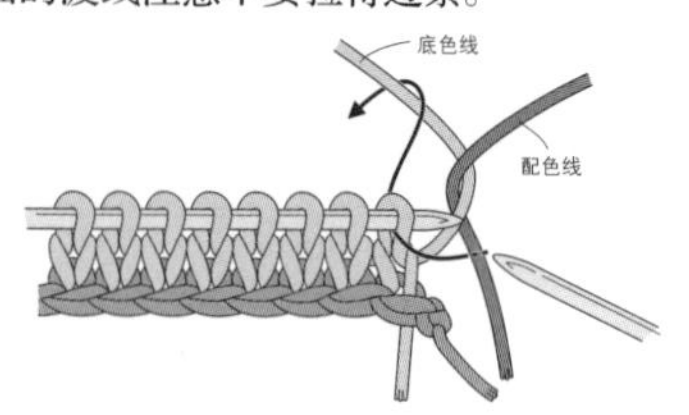

配色线缠绕在底色线上，将右棒针插入最开始的针目里。

2

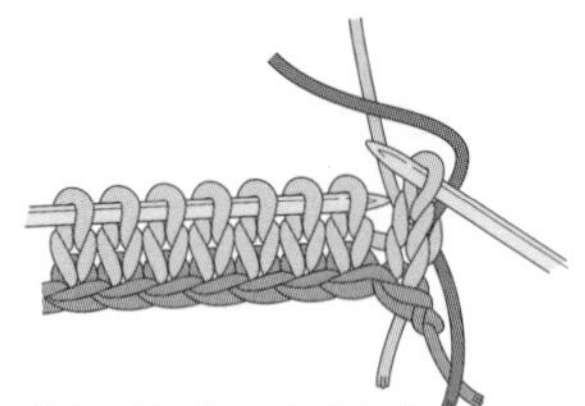

编织1针下针，将配色线往上拉。

3

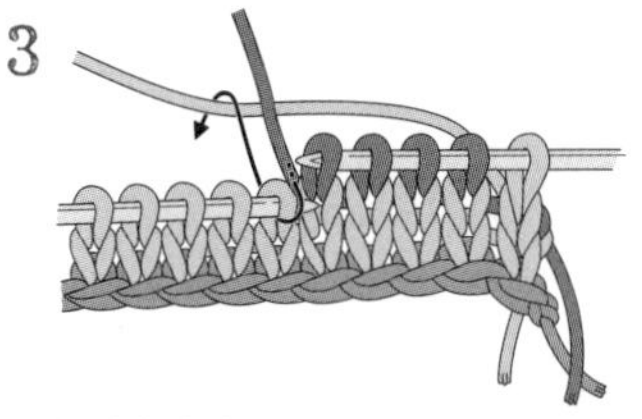

用配色线编织4针，换用底色线，将配色针数的毛线横向渡线编织。配色线在底色线的上方。

4

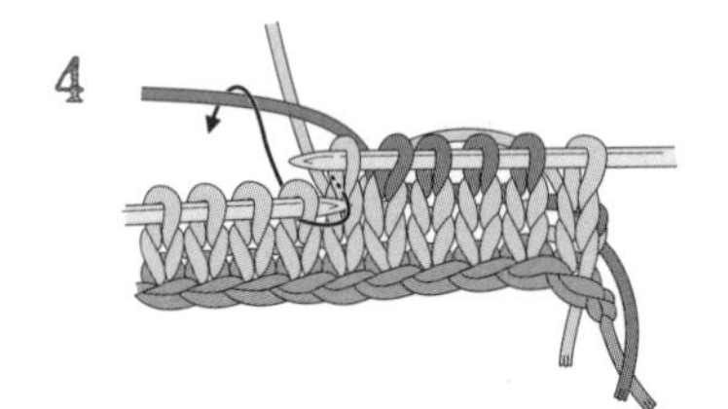

用底色线编织下针（配色线在底色线的上方），然后用配色线编织。替换毛线的时候，一直保持底色线在下，配色线在上。

5

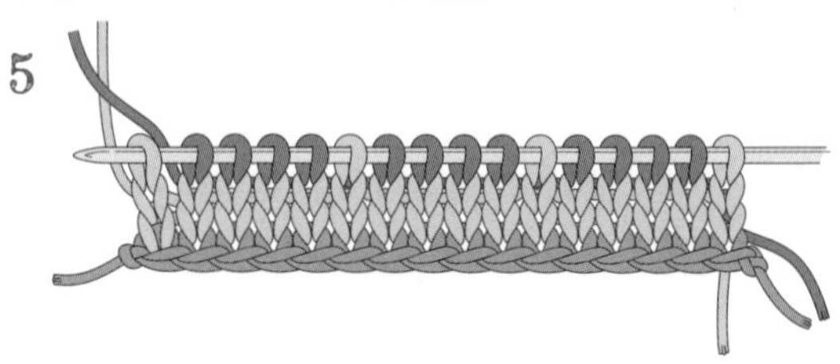

重复步骤3、4，按照编织图编织。

第4行（从反面编织的行）

6

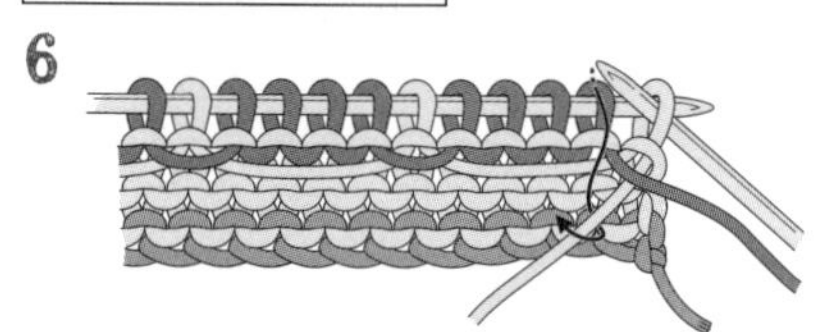

用底色线编织第1针，配色线放在底色线上方。

7

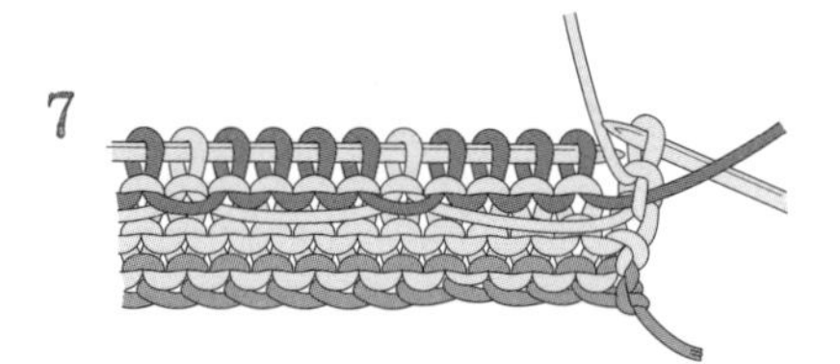

第1针编织上针。

8

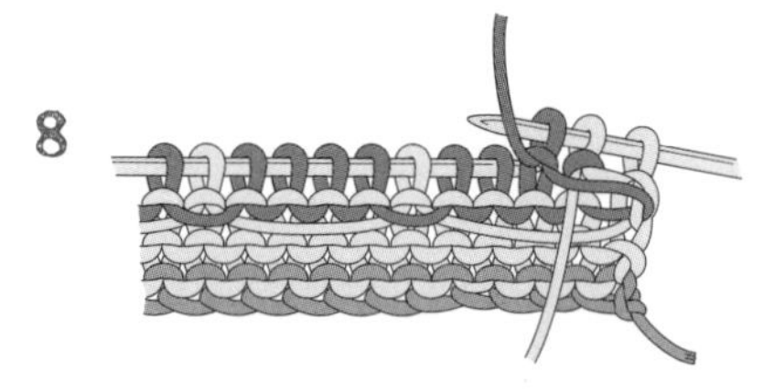

第2针也用底色线编织上针，配色线在底色线上方编织上针。

9

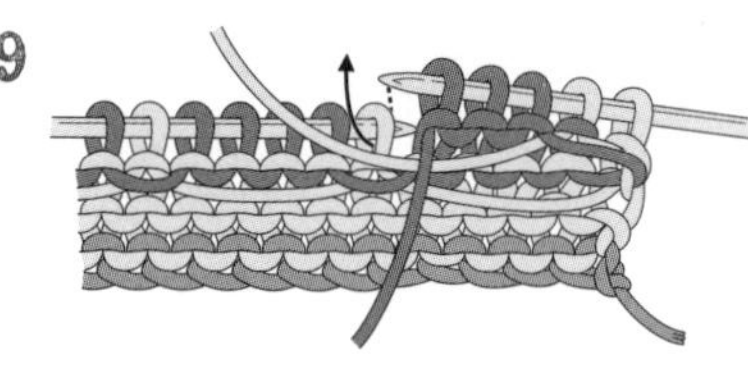

用配色线编织了3针上针后，替换为底色线，将配色针目横向渡线编织（配色线放置在底色线的上方）。

10

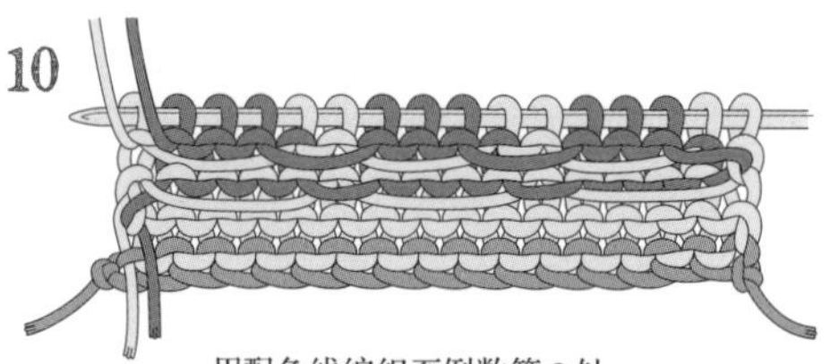

用配色线编织至倒数第2针。

11

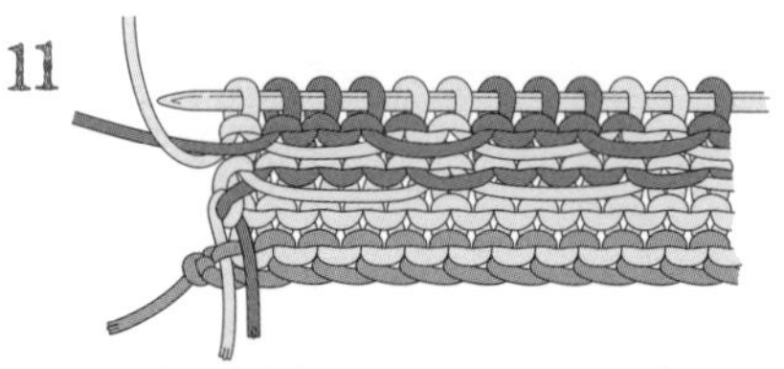

将配色线放置在底色线的上方，用底色线编织最后的针目。此为第4行编织结束时的情形（配色线放置在底色线的上方）。

纵向配色条纹

[纵向渡线的方法]

正面编织的行

1

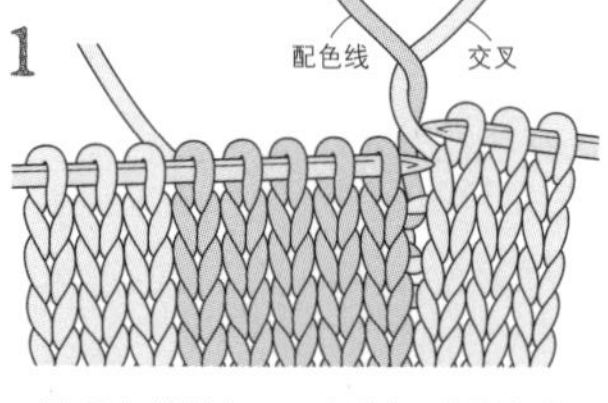

用底色线编织，一直编织到纵向花样交界处，将配色线向上拉，与底色线交叉。

2

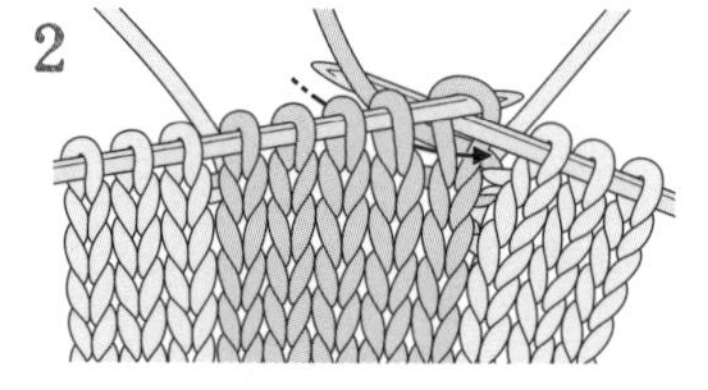

用配色线编织。

3

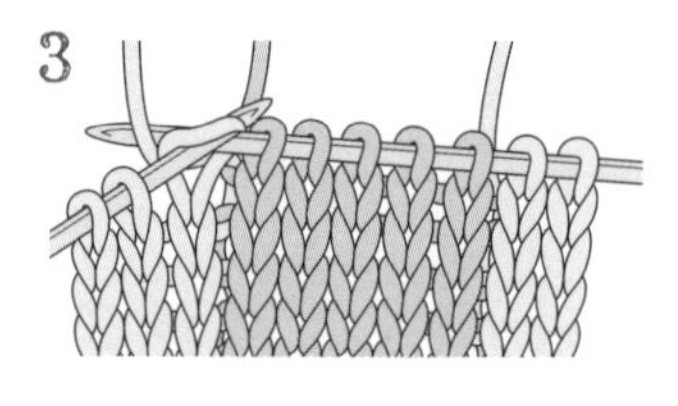

用配色线编织完毕之后，将底色线向上拉与配色线交叉。

反面编织的行

4

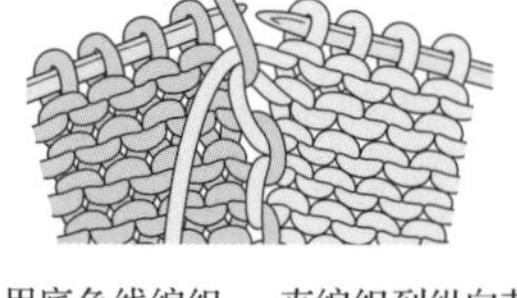

用底色线编织，一直编织到纵向花样交界处，将底色线向上拉，与配色线交叉。

5

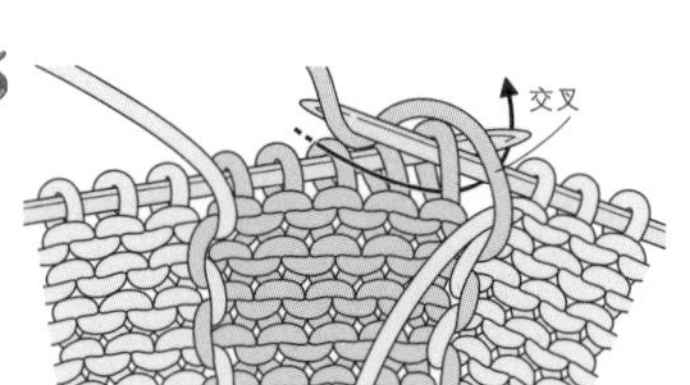
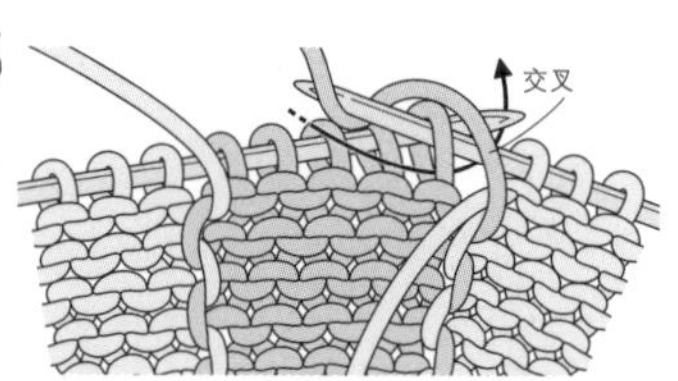

用配色线编织。

6

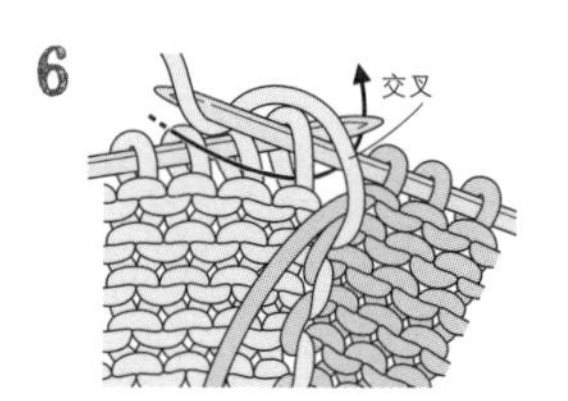

用配色线编织完毕之后，将底色线向上拉，与配色线交叉。

[休针的往返编织 / 右侧]

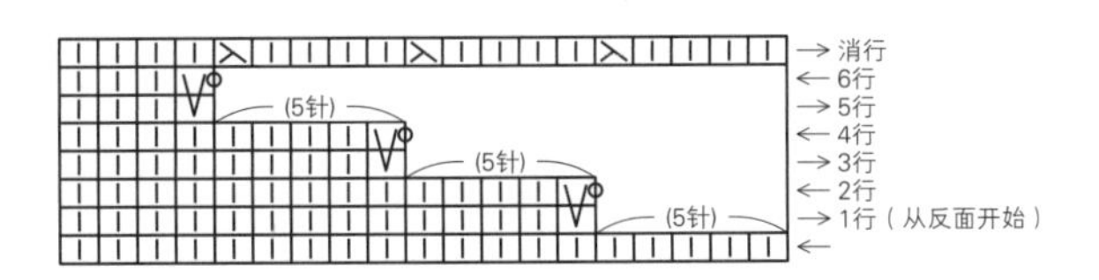

第1行（从反面编织的行）

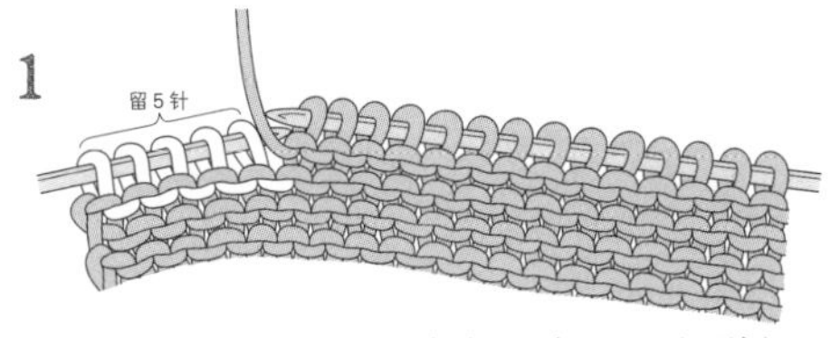

第1次往返编织（右侧是先编织1行）。从反面编织时，在左棒针上留下5针不编织。

第2行（从正面编织的行）

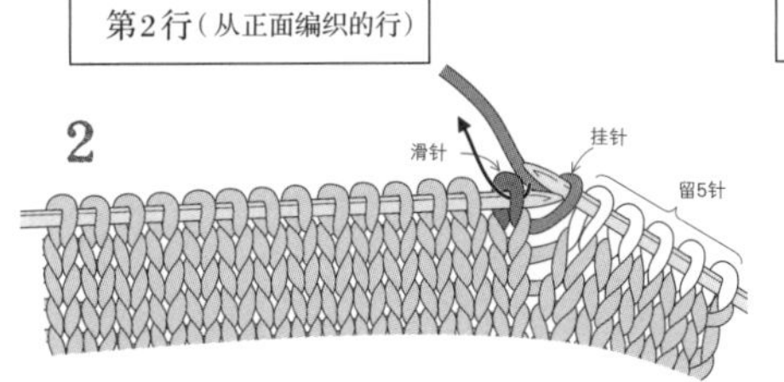

将织片翻面，将线从前向后挂，编织1针挂针，左棒针上的第1针编织滑针（移至右棒针上），然后编织下针。

第3行（从反面编织的行）

第2次往返编织。左棒针上第2次留下5针。

第4行（从正面编织的行）

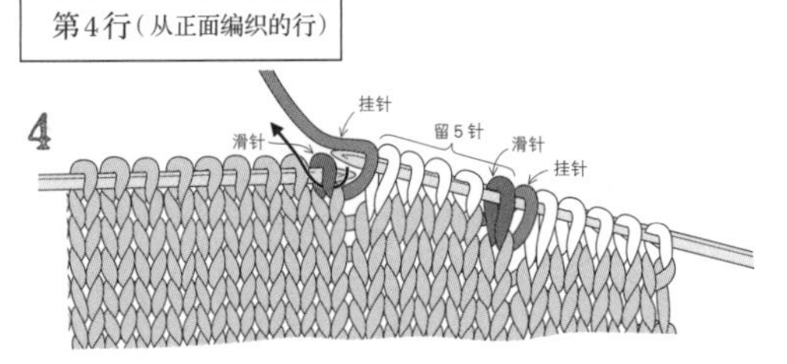

将织片翻面，将线从前向后挂，编织1针挂针，左棒针上的第1针编织滑针（移至右棒针上），然后编织下针。重复步骤2、3。

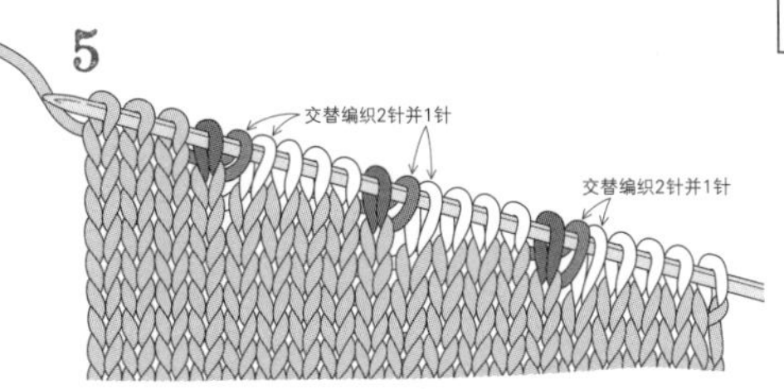

6行（第3次往返编织）编织完成后的样子。

消行（从反面编织的行）

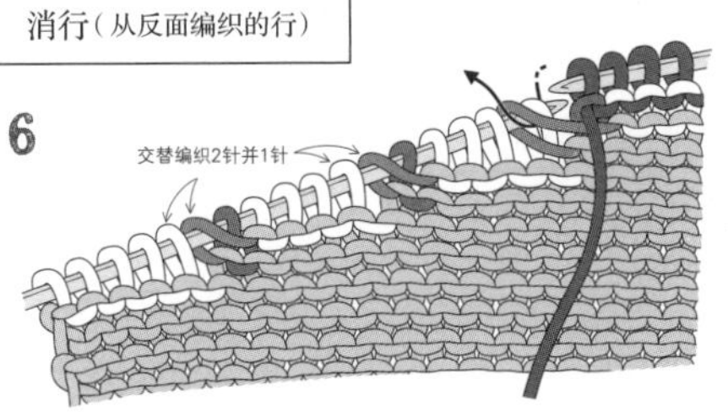

在反面消行。将挂针及其左侧下一行的针目交换位置（参见94页），编织上针2针并1针。

从反面看到的消行（右侧）

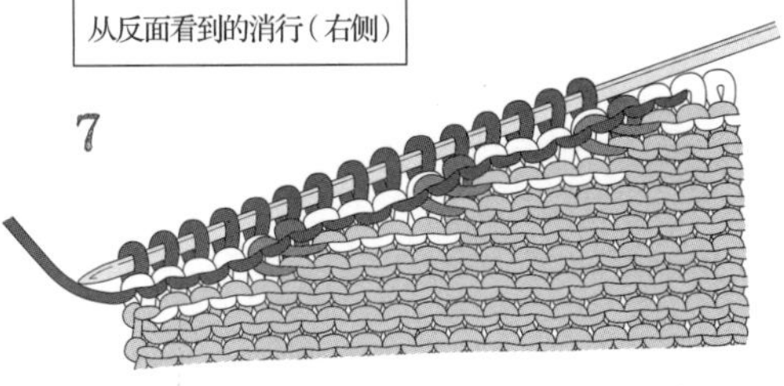

右侧的往返编织完成（挂针出现在反面）。

[休针的往返编织 / 左侧]

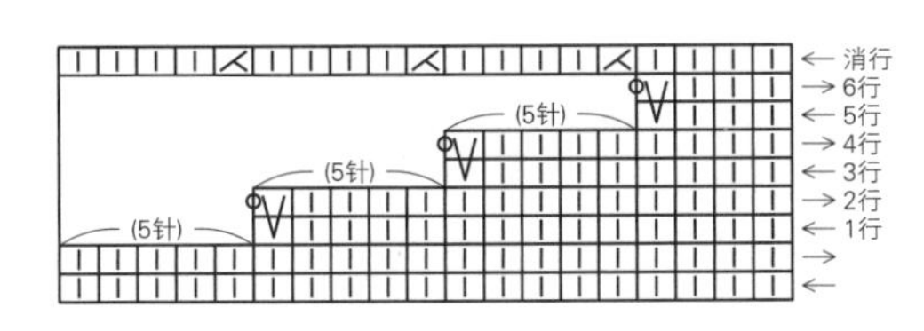

第1行（从正面编织的行）

1

留5针

第1次往返编织。在左棒针上留下5针不编织。

第2行（从反面编织的行）

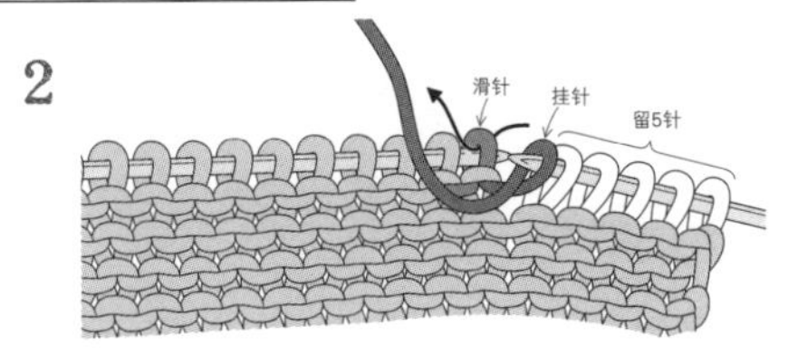

将织片翻面，编织挂针后，将线留在前面，左棒针上的第1针编织滑针（移至右棒针上），然后编织上针。

从正面编织的行

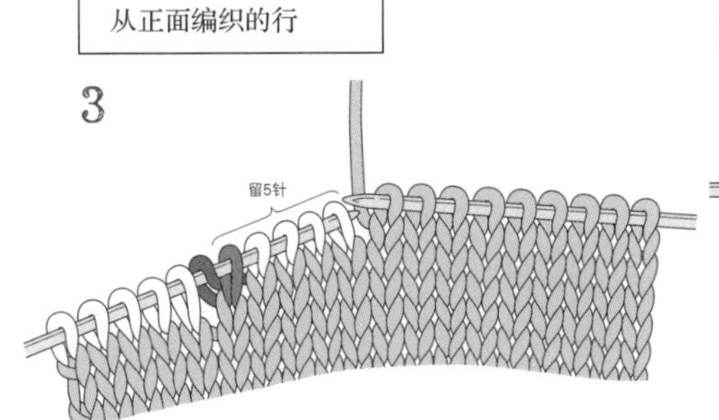

第2次往返编织。第2次在左棒针上留下5针。

第4行（从反面编织的行）

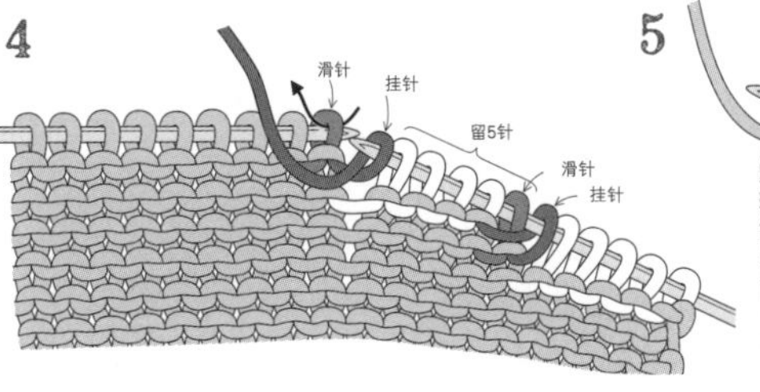

将织片翻面，编织挂针后，将线留在前面，左棒针上的第1针编织滑针（移至右棒针上），然后编织上针。重复步骤2、3 。

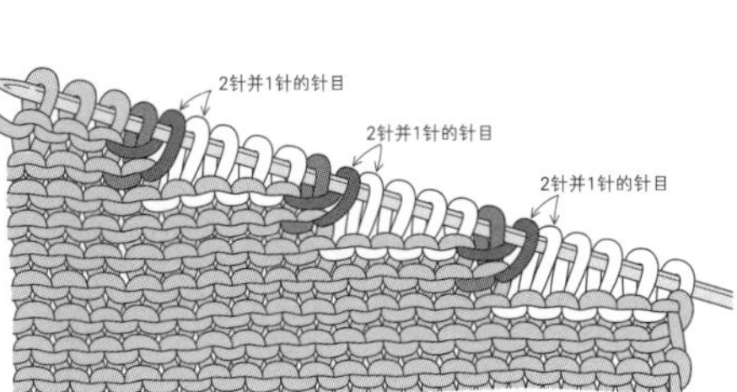

6行（第3次往返编织）编织完成后的样子。

Basics / 棒针编织的基础

消行（从正面编织的行）

6

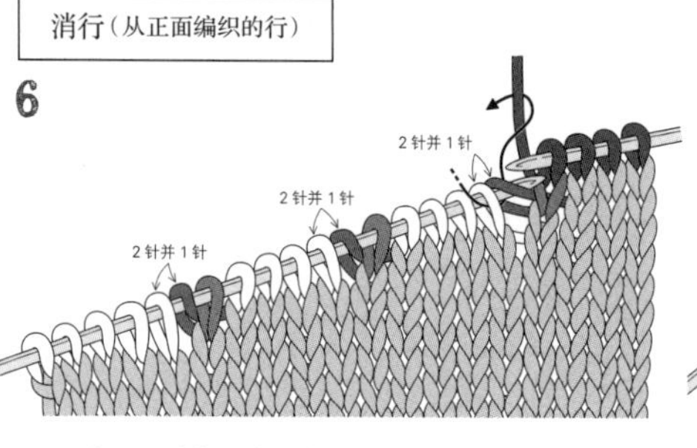

在正面消行。将右棒针按照箭头的方向插入挂针及其左边的针目中。

7

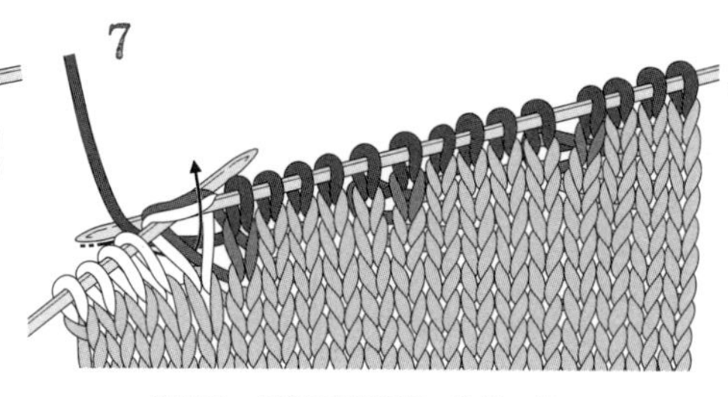

挂线后，使用下针编织2针并1针。

8

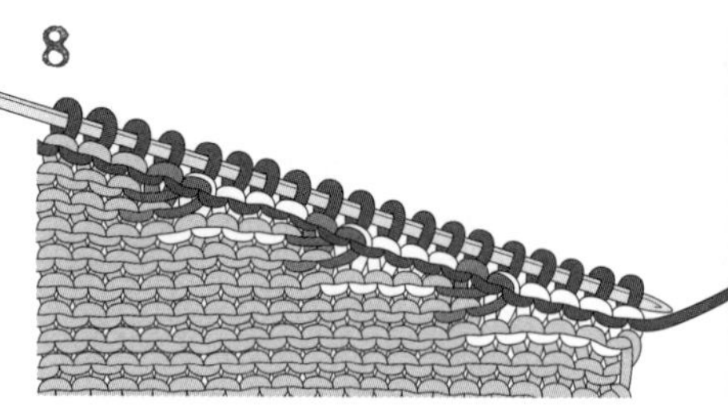

这是消行编织完成后的样子。图中是从反面看到的样子（挂针部分出现在反面）。

交换针目的方法（在反面交换）

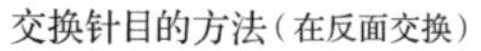

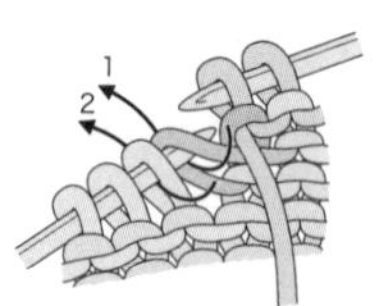

a.按照1、2的顺序，移至右棒针上2针。

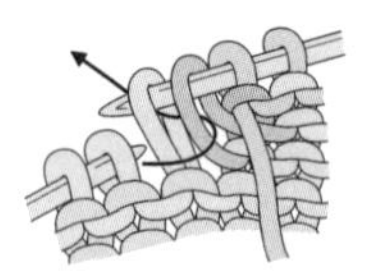

b.将左棒针按照箭头的方向插入刚刚移至右棒针上的2针中。

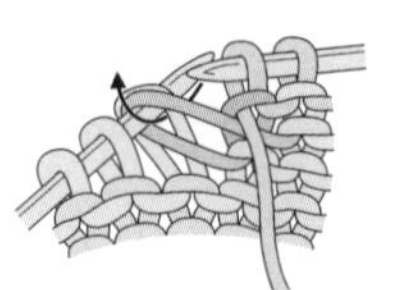

c.2针回到了左棒针上的样子。

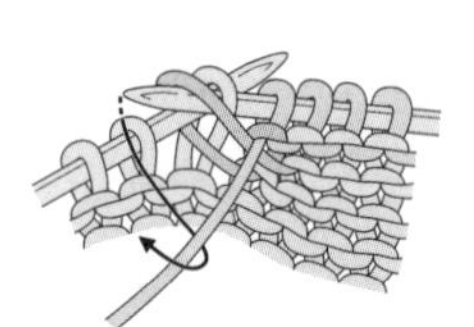

d.将右棒针按照箭头的方向插入2针中，挂线后编织上针。

双罗纹针收针［平面编织的收针方法］

*两侧均为2针下针的情况

1

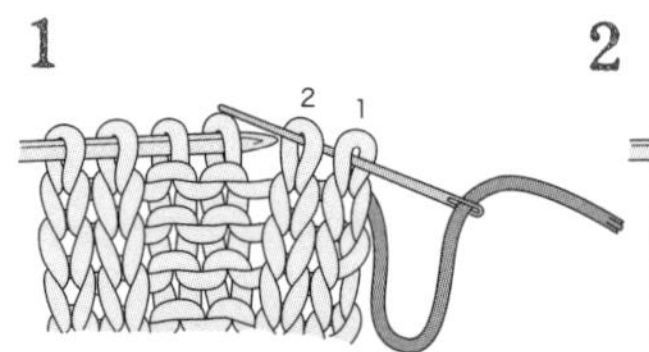

手缝针从针目1的前面入针，然后从针目2的前面出针。

2

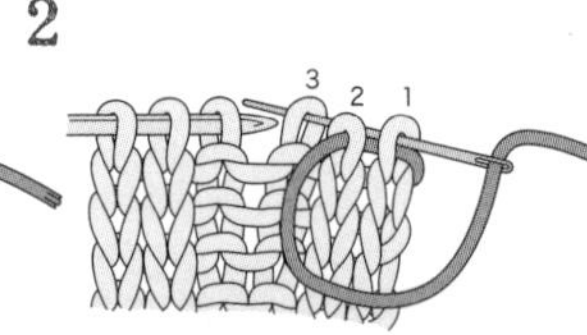

手缝针再次从针目1的前面入针，然后从针目3的后面出针。

3

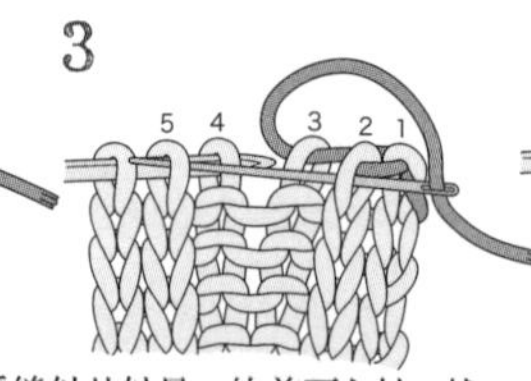

手缝针从针目2的前面入针，然后从针目5的前面出针（下针及与其隔开的下针）。

4

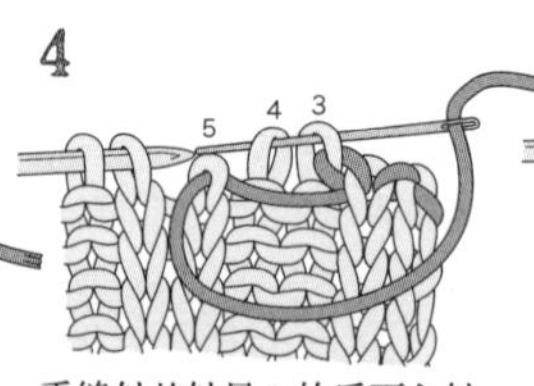

手缝针从针目3的后面入针，然后从针目4的后面出针（上针及其边上的上针）。

5

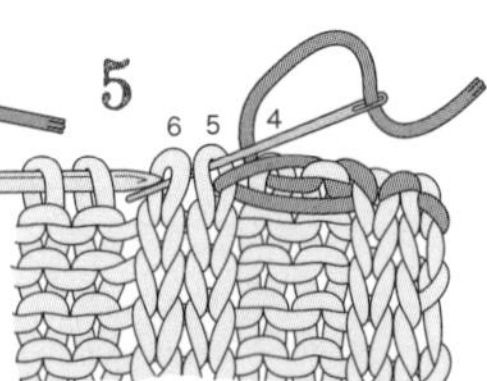

手缝针从针目5的前面入针，然后从针目6的前面出针（下针及其边上的下针）。

6

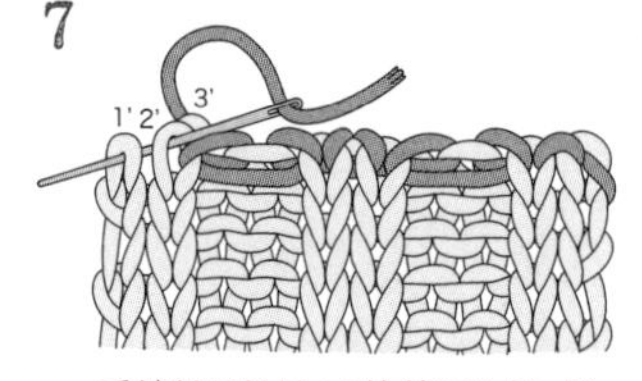

手缝针从针目4的后面入针，然后从针目7的后面出针（上针及与其隔开的上针）。

7

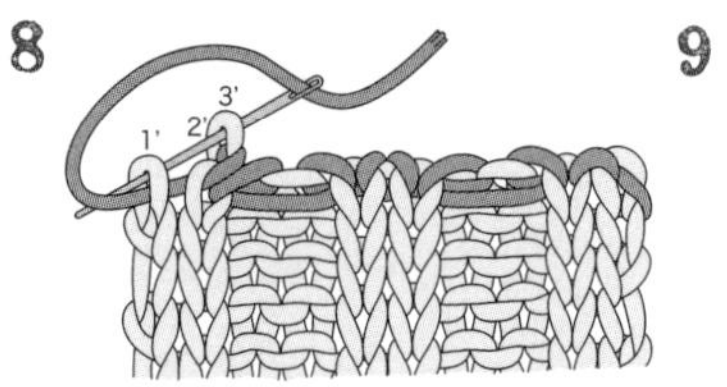

手缝针从针目2'的前面入针，然后从针目1'的前面出针。

8

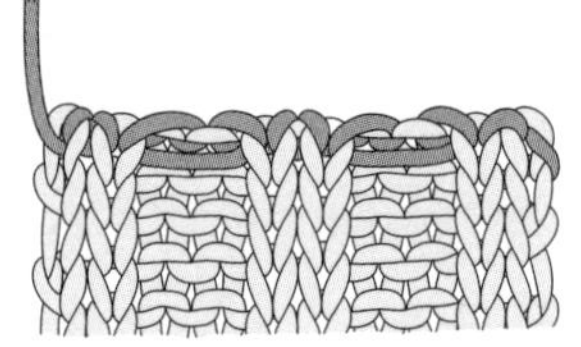

手缝针从针目3'的后面入针，然后从针目1'的前面出针。

9

完成。

*左、右两端均是3针下针的情况

1

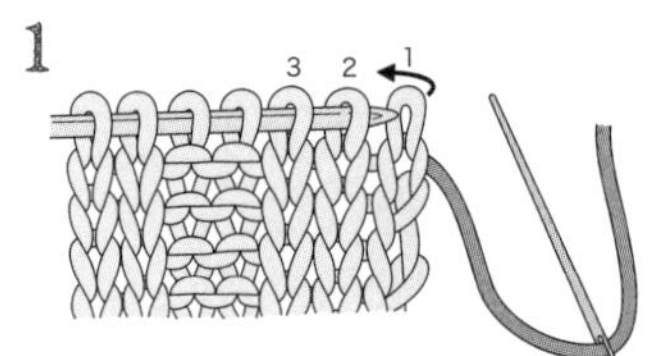

将针目1折回至针目2的反面后重叠在一起。

2

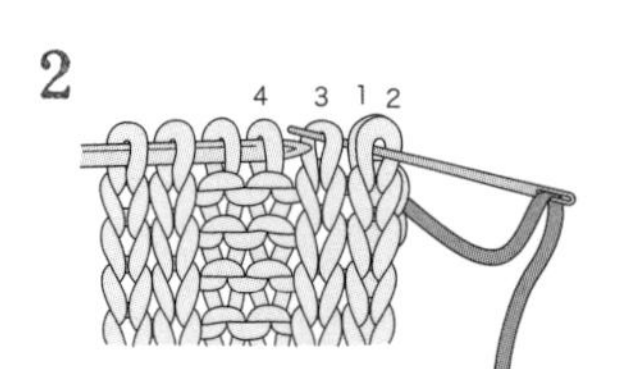

手缝针从重叠后的2针的前面入针，然后从针目3的前面出针。之后与上面的步骤2~4相同。

3

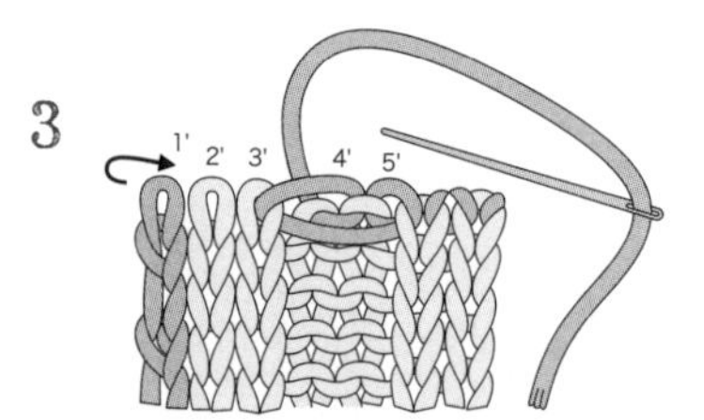

从针目4'的后面出针，将针目1'折回至针目2'的反面后重叠在一起。

4

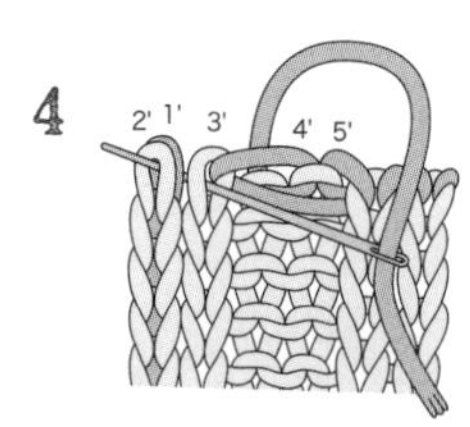

手缝针从针目3'的前面入针，然后从重叠的2针的前面出针。之后与上面的步骤7~9相同。双罗纹针收针完成。

[引拔钉缝]

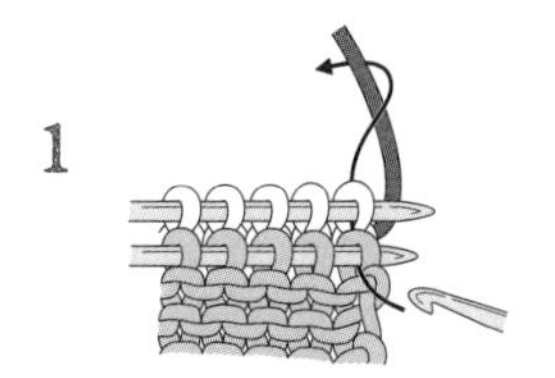

将2片织片正面相对，使用左手拿着，将钩针插入前面织片的上针和后面织片的下针中。

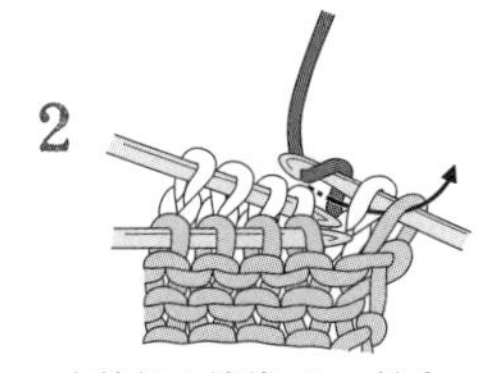

在钩针上挂线，从2针中一起引拔出。

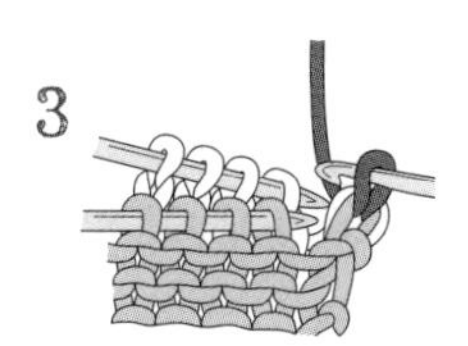

这是引拔之后的样子。

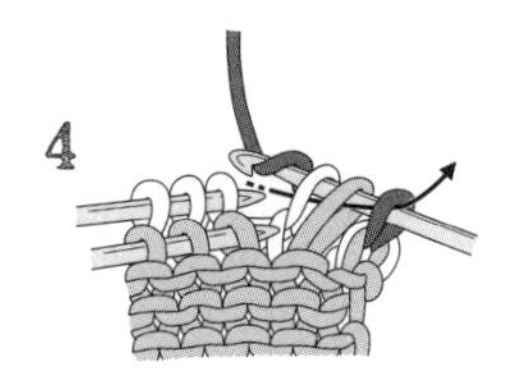

之后将钩针同时插入前面织片和后面织片的针目中，挂线后从2针中一起引拔出。

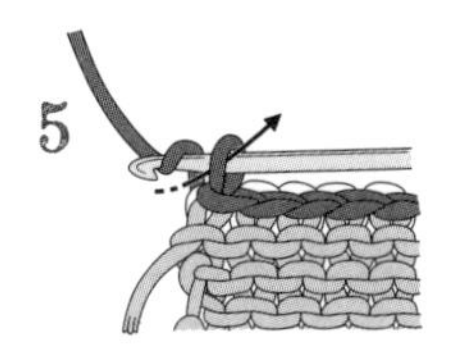

重复步骤4。最后再引拔1针。

[挑针接缝/下针编织的情况]

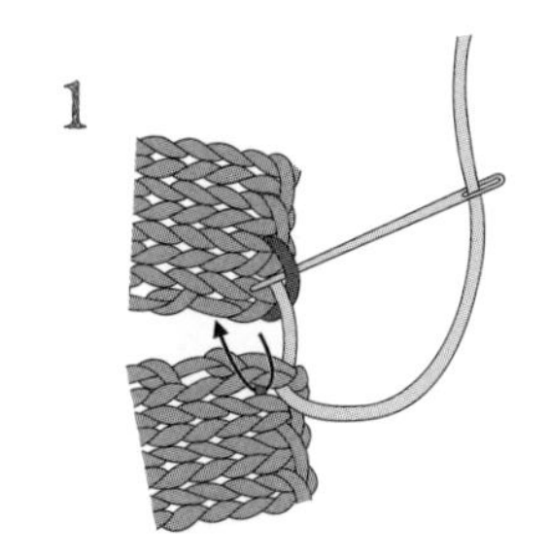

挑取前、后织片起针的针目。

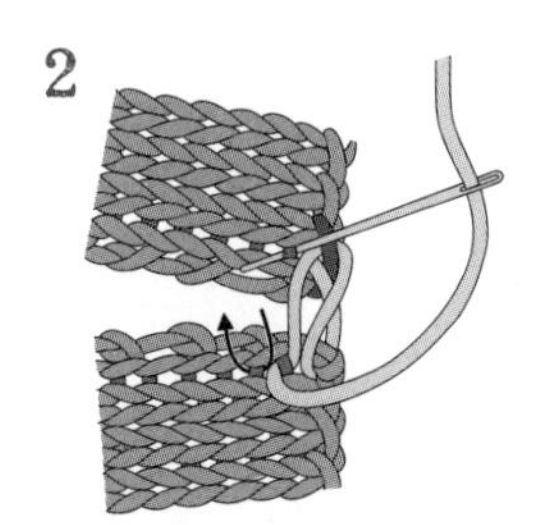

一行一行地交替挑取2个织片1针内侧的横向渡线。

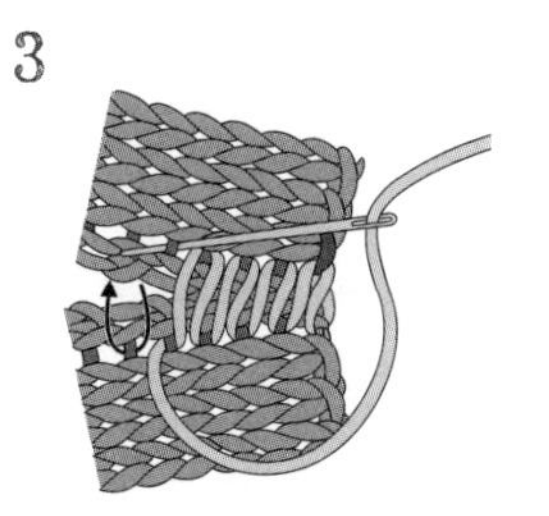

在挑针的同时拉线收紧。

*有加针的情况

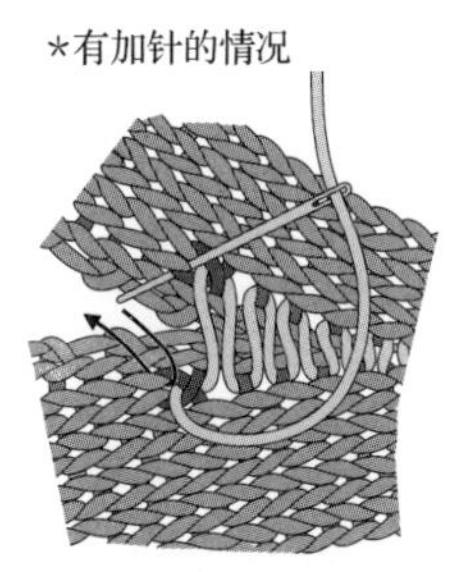

将手缝针插入加针（扭针）十字部分的下面（另一侧也是同样的位置）。

*有减针的情况

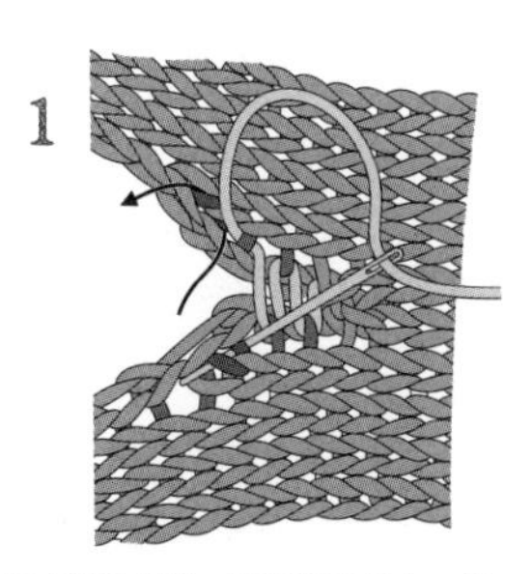

在减针的部分，将手缝针插入1针内侧的横向渡线和减掉的针目中挑线（另一侧也是同样的位置）。

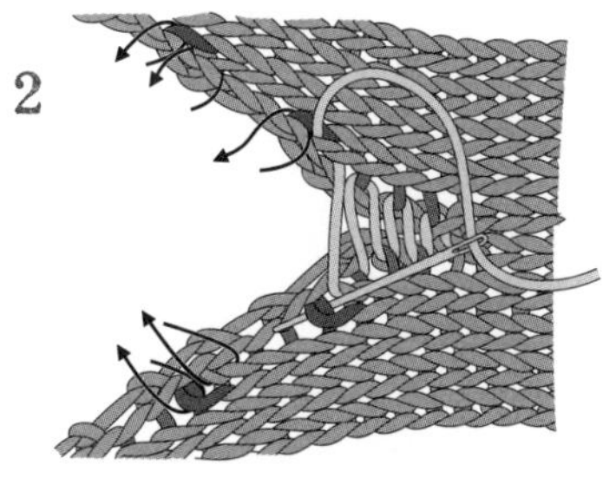

将手缝针再次插入减掉的针目和下一行1针内侧的横向渡线中，同时挑2条线（另一侧也是同样的位置）。

[针与行的钉缝]

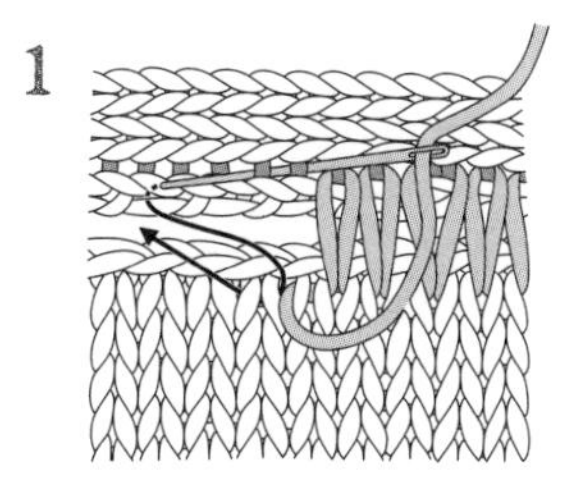

行的部分，每次挑取一两行；针的部分，按照箭头的方向每次挑取2针。

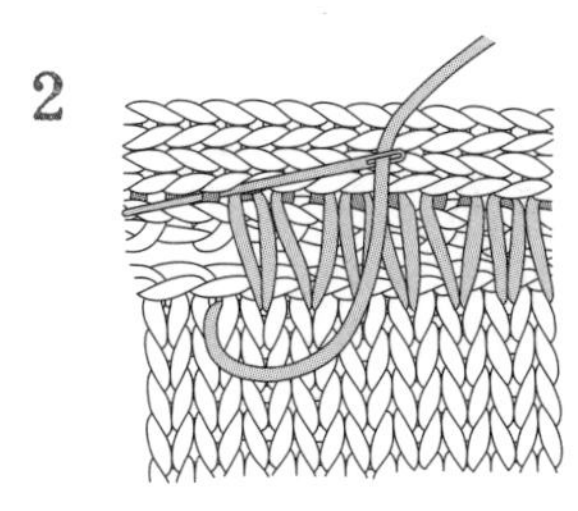

在调整行数的同时，使用手缝针交替挑取针与行两部分，同时拉线收紧。

[下针钉缝/两片均为伏针收针]

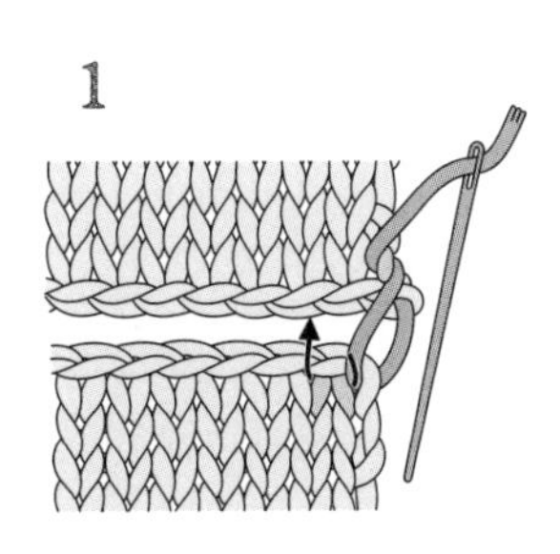

按照"没有线头的前面织片边上的针目、后面织片边上的针目"的顺序，从后面入针。

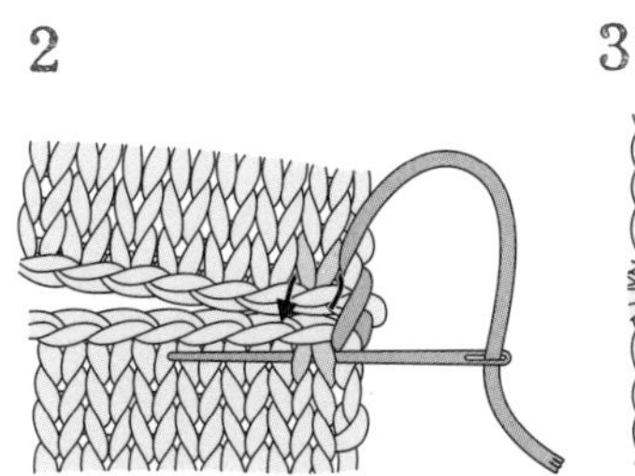

将手缝针插入前面织片的针目后，按照箭头的方向再插入后面织片的针目中。

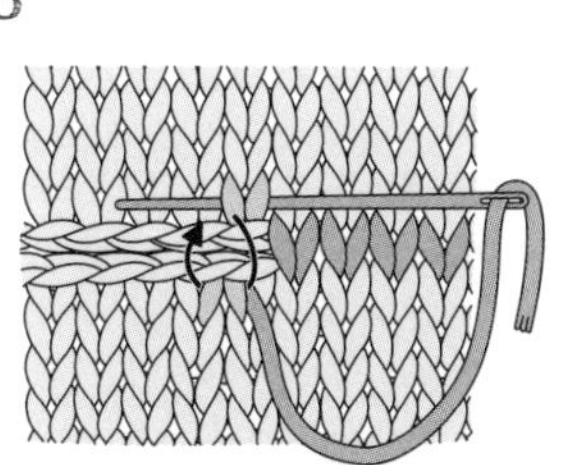

不断重复"挑取前面织片的'八'字形针目、挑取后面织片倒着的'八'字形针目"。

[引拔接缝]

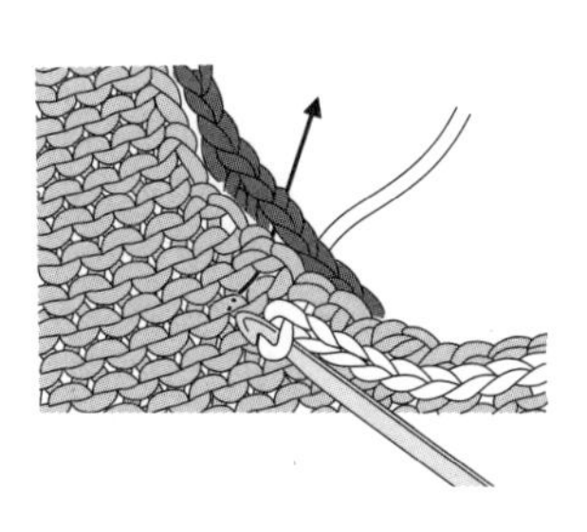

将两片织片正面相对（可以在适当的地方用珠针固定一下），使用引拔针一针一针地接缝。

图书在版编目（CIP）数据

兵头良之子的慢生活编织/日本宝库社编著；王慧译. —郑州：河南科学技术出版社， 2015.11
ISBN 978-7-5349-7935-4

Ⅰ.①兵… Ⅱ.①日… ②王… Ⅲ.①绒线—编织 Ⅳ.①TS935.52

中国版本图书馆CIP数据核字（2015）第220398号

出版发行：河南科学技术出版社
地址：郑州市经五路66号　　邮编：450002
电话：（0371）65737028　　65788613
网址：www.hnstp.cn
策划编辑：刘　欣
责任编辑：张　培
责任校对：耿宝文
封面设计：张　伟
责任印制：张艳芳
印　　刷：北京盛通印刷股份有限公司
经　　销：全国新华书店
幅面尺寸：213 mm × 285 mm　　印张：6　字数：160千字
版　　次：2015年11月第1版　　2015年11月第1次印刷
定　　价：36.00元

如发现印、装质量问题，影响阅读，请与出版社联系并调换。